Inhalt

Volker Hielscher
Lukas Nock
Sabine Kirchen-Peters

Technikeinsatz
in der Altenpflege

Potenziale und Probleme
in empirischer Perspektive

Die Deutsche Nationalbibliothek verzeichnet diese
Publikation in der Deutschen Nationalbibliografie;
detaillierte bibliografische Daten sind im Internet
über http://dnb.d-nb.de abrufbar.

ISBN 978-3-8487-2520-5 (Print)
ISBN 978-3-8452-7136-1 (ePDF)

edition sigma in der Nomos Verlagsgesellschaft

1. Auflage 2015
Umschlaggestaltung: Gaby Sylvester, Düsseldorf – www.sylvester-design.de
Umschlaggrafik: © BillionPhotos, upixa – Fotolia.com

Druck: Rosch-Buch, Scheßlitz

Vorwort

Der vorliegende Bericht dokumentiert die Ergebnisse eines Forschungsprojektes, das unter dem Titel „Technologisierung der Pflegearbeit? Bestandsaufnahme und arbeitspolitische Herausforderungen" die Effekte eines verstärkten Einsatzes von Technik für die Arbeit der Pflegekräfte in stationären Einrichtungen und Pflegediensten untersucht hat. Die Studie wurde von Dezember 2012 bis März 2015 am Institut für Sozialforschung und Sozialwirtschaft (iso) in Saarbrücken durchgeführt.

Der rasante Fortschritt technischer Innovationen in der Informations- und Kommunikationstechnologie, in der Sensorik und der Robotertechnik wirft die Frage auf, inwiefern nicht personale Dienstleistungen durch Technik substituiert oder zumindest deutlich produktiver gestaltet werden können. Mit Blick auf die Pflege richten sich manche Hoffnungen darauf, mit einem forcierten Technikeinsatz Zeit- und damit Personalressourcen zu gewinnen und so den sich abzeichnenden „Pflegenotstand" abzufedern sowie die Bedingungen der Pflegearbeit durchgreifend verbessern zu können.

Hierbei zeichnet sich ein doppeltes Spannungsfeld ab: Zum einen klafft eine erhebliche Lücke zwischen dem technisch Möglichen und der realen Anwendungspraxis im Alltag der Pflege. Insofern ist nach den Strategien und Rahmenbedingungen der Pflegedienstleister zu fragen, technische Neuerungen überhaupt zu nutzen. Zum anderen scheint vielfach wenig bedacht, inwiefern Technikinnovationen anschlussfähig sind an die Bedarfe und Abläufe im Arbeitsalltag der Pflegekräfte. Eine arbeitsbezogene Perspektive bleibt in der Praxis der Technikentwicklung häufig unterbelichtet. Doch nicht nur dort, auch in der empirischen Arbeitsforschung ist bisher wenig über die Wechselbeziehungen von Technikeinsatz und Pflegearbeit bekannt.

Die vorliegende Studie setzt sich daher bewusst von Modellprojekten und Anwenderstudien ab, die mit technisch avancierten Lösungen wie Pflegerobotern und ähnlichem experimentieren. Sie nimmt relevante Realentwicklungen der Techniknutzung in der ambulanten und stationären Pflege in den Fokus. Im Zentrum der Untersuchung steht die Frage, welche Technologien aus welchen Gründen an Bedeutung gewinnen und welche Folgen des Technikeinsatzes sich für die Arbeitsorganisation, für das individuelle Arbeitshandeln der Beschäftigten und für die Pflegeinteraktion zeigen. Die Vermittlungsanforderungen, die die Technik in der Interaktion zwischen Pflegekraft und Pflegebedürftigem stellt, sind dabei als wichtige Voraussetzungen für einen gelingenden Technikeinsatz zu betrachten.

Dank gebührt der Hans-Böckler-Stiftung, welche dieses Forschungsvorhaben finanziell gefördert hat, und insbesondere *Dr. Dorothea Voss*, die seitens der Stiftung die Umsetzung des Projekts aktiv unterstützt und konstruktiv begleitet hat. Den Mitgliedern aus Gewerkschaften, Verbänden, Wissenschaft und Praxis im Projektbeirat danken wir für die inhaltliche Begleitung und Unterstützung des Projekts. Ganz besonders möchten wir aber den vielen Interviewpartner/inne/n danken, ohne deren Auskunftsbereitschaft diese Studie nicht möglich gewesen wäre. Ein herzlicher Dank gebührt *Christine Sowinski* vom Kuratorium Deutsche Altershilfe (KDA) für die anregende und konstruktive Kooperation im Rahmen des Projekts. Schließlich danken wir *Dr. Dominik Haubner* und *Judith Bauer* für ihre Mitarbeit bei den empirischen Erhebungen sowie *Maria Almeida* und *Niklas Richter* für die Unterstützung der im Zuge des Projekts durchgeführten Recherchearbeiten. Nicht zuletzt sei *Karin Müller, Brunhilde Kotthoff* und *Bastian Waschbusch* gedankt für Korrekturen und die redaktionelle Schlussbearbeitung des Textes.

Saarbrücken im September 2015   Die Verfasser und die Verfasserin

1. Technik und Pflege – ein Problemaufriss zur Einführung

Die Anforderungen an Pflegeeinrichtungen steigen stetig. Diese stehen im Brennpunkt von demografischen und gesellschaftlichen Entwicklungen, sozialpolitischen Rahmensetzungen sowie den individuellen Bedarfen und Erwartungen der Menschen. Durch die Ökonomisierung des Gesundheitswesens sind sie zu einem Spagat gezwungen, fachlich gute Pflege möglichst preiswert anzubieten. Mit den Folgen dieser Entwicklungen zu kämpfen haben Einrichtungen und Dienste, Pflegebedürftige und deren Angehörige gleichermaßen – seien es gesundheitliche Risiken für das Pflegepersonal durch den hohen Arbeitsdruck oder unbefriedigende Pflegearrangements für die älteren Menschen und deren Familien. Als eine Option, mit diesem Handlungsdruck umzugehen, werden verstärkt technische Innovationen ins Gespräch und zunehmend auch zum Einsatz gebracht. Der Technikeinsatz in der Altenpflege soll den Versprechen der Technikentwickler zufolge sowohl die Lebensqualität der Pflegebedürftigen verbessern als auch die Arbeit der Pflegekräfte erleichtern. Das gewachsene Interesse an dem Thema „Pflege und Technik" speist sich dabei nicht nur aus den erweiterten Möglichkeiten durch den technischen Fortschritt. Die Frage nach technikbasierten Anwendungs- und Lösungsmöglichkeiten gewinnt ihre Aktualität auch durch gesellschaftliche Veränderungsprozesse, vor allem aber durch die gegenwärtigen Entwicklungen des Pflegesektors selbst.

1.1 Zur Aktualität der Frage nach dem Technikeinsatz in der Pflege

Im Zuge des demografischen Wandels wird den Statistikern zufolge Deutschland bereits im Jahr 2030 die älteste Bevölkerung Europas haben. Obgleich wenig Klarheit über die Konsequenzen des demografischen Wandels besteht (Bieber 2011), gilt als sicher, dass neue gesellschaftliche Bedarfe für die Organisation von Infrastrukturen und Daseinsvorsorge, insbesondere aber für die sozialstaatliche Leistungserbringung entstehen. So ist nach den Prognosen des Statistischen Bundesamtes (2008) je nach Pflegequote mit einem Anstieg der Zahl der Pflegebedürftigen von rund zwei Millionen im Jahr 2000 auf 3 bis 3,4 Millionen im Jahr 2030 zu rechnen. Zwar werden mit der Steigerung des durchschnittlichen Lebensalters die „gesunden Lebensphasen" immer länger, gleichwohl liegt die durchschnittliche Dauer der (sozialrechtlich festgestellten) Pflegebedürftigkeit bei Männern mittlerweile bei mehr als drei, bei Frauen bei gut vier Jahren (Rothgang et al. 2011). Begleitet wird der demografische Wandel durch die Veränderung von Familien- und Haushaltsstrukturen und durch Individualisierungsphänomene, die sich in den Lebensformen und Wertorientierungen nicht nur in den jüngeren Generationen, sondern zunehmend auch in den älteren Kohorten widerspiegeln. Diese gesellschaftlichen Entwicklungen und daraus entstehende veränderte Bedürfnisse der Menschen gelten als Impulsgeber für soziale und technische Innovationen in der Dienstleistungs- und Gesundheitswirtschaft. Dies gilt insbesondere für die Dienste und Einrichtungen der Altenpflege.

Zugleich muss konstatiert werden, dass die Pflege vor enormen Herausforderungen steht. Sie stellt auf der einen Seite mit ihren im Krankenhaus rund 370.000 und in der ambulanten und stationären Altenpflege zusammen rund 900.000 Pflegekräften (Statistisches Bundesamt 2011) eine beschäftigungspolitisch bedeutsame Branche dar. Auf der anderen Seite ist die Branche von spezifischen Problemen und wachsenden Anforderungen geprägt:

– Bereits heute besteht in der Pflege ein eklatanter Fachkräftemangel. Prognosen gehen davon aus, dass sich diese Lücke in den nächsten Jahren erheblich vergrößern wird (Prognos 2012). Parallel dazu nehmen traditionelle Ressourcen, etwa die Pflegekapazitäten von Familienangehörigen, ab (ebenda), wodurch der Fachkräftemangel noch verstärkt wird.

– Zudem sind die Einrichtungen der stationären und ambulanten Langzeitpflege durch die Öffnung des Pflegemarktes und die Mechanismen der Pflegeversicherung seit Ende der 1990er Jahre einem erheblichen ökonomischen Wettbewerb unter finanziellen Knappheitsbedingungen ausgesetzt. Die enge Finanzierung der Pflege nach dem SGB XI führt zu Personalknappheit und permanentem Zeitdruck im Arbeitsalltag der Pflegekräfte. Der viel beklagte „Pflegenotstand" gründet sich im Kern darauf, dass professionell Pflegende immer größere Schwierigkeiten haben, ihren professionellen Ansprüchen im Arbeitsalltag gerecht zu werden (Hielscher et al. 2013). Aus der Versorgungsperspektive bedeutet dies, dass die Pflege- und Betreuungsqualität für pflegebedürftige Menschen manchmal nur bedingt sichergestellt werden kann.

– Unter dem Arbeits- und Zeitdruck verlassen viele Pflegekräfte vorzeitig den Beruf – nur jeder zehnte im Gesundheitswesen Beschäftigte erreicht im Beruf das reguläre Renteneintrittsalter (Prognos 2011). Dieses Datum indiziert einen erheblichen arbeitspolitischen Gestaltungsbedarf.

– Parallel dazu werden die qualitativen Anforderungen an die Pflege komplexer: So steigen vor dem Hintergrund des soziokulturellen Wandels der letzten Jahrzehnte[1] die individuellen Ansprüche an ein selbstbestimmtes Leben im Alter – auch im Falle von Pflegebedürftigkeit. Von daher gründen sich

---

[1]   Auf die Vielzahl der sozialwissenschaftlichen Beiträge und Konzepte zum sozialen Wandel der nachindustriellen Moderne kann an dieser Stelle nicht differenziert eingegangen werden (vgl. exemplarisch Beck 1986; Beck et al. 1996; Vester et al. 2001; Hradil 2001).

Ziele der Teilhabe und der autonomen Lebensgestaltung nicht nur auf fach-professionelle Pflegekonzepte, sondern sie werden zunehmend auch von den Pflegebedürftigen und ihren Angehörigen erwartet und eingefordert.

– Darüber hinaus haben die – unter anderem pflegewissenschaftlich vorangetriebene – „Wissensexplosion" in der Pflege (Gruber et al. 2005) und die Strukturierung des Pflegeprozesses, gepaart mit den in den vergangenen zwei Dekaden eingeführten Maßnahmen zur Qualitätssicherung (z.B. MDK-Prüfungen, Expertenstandards, Dokumentationspflichten etc.), zu einem enormen Qualitäts- und Professionalisierungsschub geführt. Damit entsteht zugleich eine Flut an Informationen und Daten, die einer effizienten Verarbeitung zugeführt werden müssen.

– Neue Anforderungen an die Pflege resultieren schließlich aus den weiteren „Nebenfolgen" der demografischen Entwicklung und des medizinischen Fortschritts. So hat etwa die höhere Lebenserwartung einen Anstieg der Zahl von demenzkranken Menschen nach sich gezogen. Die sozialpolitischen Schritte der vergangenen Jahre zur Abfederung der daraus resultierenden Pflege- und Betreuungsbedarfe haben sich bisher als noch nicht hinreichend erwiesen. Daneben sind die Effekte der geplanten umfassenden Reform des Pflegebedürftigkeitsbegriffes gegenwärtig noch nicht abschätzbar.

Angesichts dieser Komplexität von unterschiedlichen Anforderungen und Problemen in der Pflegebranche knüpfen sich manche Erwartungen an die Möglichkeit, über einen forcierten Technikeinsatz neue Ressourcen für die Pflege zu erschließen. Auch die Fortschritte in der Technikentwicklung selbst haben in den letzten Jahren dazu beigetragen, den Technikeinsatz in der Pflege neu zu reflektieren. Das betrifft zum einen die Potenziale der Informations- und Kommunikationstechnik, die es erlauben, immense Mengen an Daten zu speichern, zu übertragen und den Pflegeprozess informationstechnisch abzubilden und effizienter zu gestalten. Sie bilden z.B. die Grundlage für die digitalisierte Dokumentation der Pflege oder für telemedizinische Leistungen. Zum anderen hat die Informationstechnik zusammen mit moderner Sensortechnik die Entwicklung alltagsunterstützender und assistierender Technikanwendungen (AAL)[2] ermöglicht, die in privaten Wohnräumen, aber auch in Pflegeeinrichtungen implementiert und mit haushaltsnahen oder pflegerischen Dienstleistungen verknüpft werden können. Roboterentwicklungen stellen weitere technische Innovationen dar, die aus Sicht der Entwickler zukünftige Fortschritte in der Versorgung pflegebedürftiger Menschen versprechen (Meyer 2011).

---

2   Mittlerweile ist der AAL-Begriff zum Konzept „Mensch-Technik-Interaktion im demografischen Wandel" weiterentwickelt worden. Zu den vielfältigen Projekten und Förderaktivitäten in diesem Bereich vgl. die Webseite des Projektträgers des Bundesministeriums für Bildung und Forschung (www.mtidw.de).

Diese Entwicklungen werfen die Frage auf, inwiefern ein forcierter Technikeinsatz dazu genutzt werden kann, die Pflegekräfte zu entlasten, die Effizienz der Arbeit im Pflegesektor zu steigern und die Pflegequalität zu verbessern. Hier liegt der Ansatzpunkt für die vorliegende Studie, nach den Erfahrungen mit der Nutzung verschiedener Technikanwendungen zu fragen. Zunächst soll jedoch der Diskurs um das spezifische Verhältnis von „Pflege und Technik" in knapper Form nachgezeichnet werden.

1.2   Wissenschaftlicher Diskurs um Pflege und Technik

Der Technikeinsatz in der Pflege ist keinesfalls ein erst im 21. Jahrhundert registriertes und diskutiertes Phänomen. Der pflegewissenschaftliche Diskurs um Pflege und Technik hat vor allem im angloamerikanischen Sprachraum eine lange Tradition (Hülsken-Giesler 2007). Im Zentrum stand dabei immer wieder die Frage, wie die „eigentliche" Pflegetätigkeit, die lebendige, unmittelbare Interaktion (Goffman 1971) zwischen Pflegenden und Pflegebedürftigen, mit wissenschaftlich-technischen Aspekten und der Standardisierung von Prozessen vereinbar ist. Der Fokus lag hierbei vor allem auf den Folgen für die Handlungsmöglichkeiten der Pflegekräfte zu einer patientenzentrierten, auf Spontaneität und Intuition beruhenden professionellen Zuwendung, weniger aber auf den technisch induzierten Anforderungen und Belastungen der Pflegearbeit als solchen.[3] In der Arbeitsforschung ist das besondere Charakteristikum personenbezogener Dienstleistungsarbeit in den letzten Jahren unter dem Begriff der Interaktionsarbeit konzeptualisiert worden (Böhle/Glaser 2006; Böhle et al. 2015; Dunkel/Weihrich 2012; vgl. dazu ausführlicher Kapitel 4). Unter Rückgriff auf dieses Konzept wurde eine Reihe von empirischen Studien zu verschiedenen Dienstleistungsfeldern durchgeführt, unter anderem auch zur Pflegearbeit (Büssing/Glaser 2003; Glaser 2006; Sing/Landauer 2006). Der Technikeinsatz in der Pflege stand dabei allerdings bisher nicht im Mittelpunkt.

In der Vergangenheit wurde der Diskurs zu Pflege und Technik über Jahrzehnte hinweg zwischen den Polen der „Technikoptimisten" und der „Technikpessimisten" geführt: Die technikoptimistische Position sieht die Technik als sozial, kulturell und moralisch neutrales Instrument, das quasi in einer Win-Win-Situation zum Wohle der zu Pflegenden wie auch als Chance zur Professionalisierung der Pflege (zum Beispiel durch eine pflegerische Spezialisierung um

---

3   Bis auf wenige Ausnahmen (z.B. Windsor 2007) fanden arbeitssoziologische Perspektiven kaum einen Niederschlag in der pflegewissenschaftlichen Literatur zu Pflege und Technik; umgekehrt war der Technikeinsatz in der Pflege auch bisher kein Gegenstand der empirischen Arbeitsforschung (Hielscher 2014).

bestimmte Geräte herum) genutzt werden könne. Insbesondere in den 1950er und 1960er Jahren wurde der technische Fortschritt zum Teil euphorisch begrüßt (vgl. in kritischer Reflexion Barnard et al. 2001). Bis heute überwiegt eine die Potenziale der Technik akzentuierende Sichtweise – nicht nur bei den Technikanbietern. In der technikpessimistischen Position artikuliert sich die Skepsis, dass originär pflegerische Tätigkeiten durch technische Gerätschaften übernommen bzw. durch technisch induzierte Logiken dominiert werden könnten. Kritische Einwände gegen eine durch Technik geprägte Arbeitsteilung und den Verlust von Zuwendung und Qualität in der Pflegeinteraktion in einer zunehmend maschinisierten Umgebung lassen sich ebenfalls bis in die 1950er Jahre zurückverfolgen (Rinard 2001).

Motor der Entwicklung war vor allem der medizinisch-technische Fortschritt in den Krankenhäusern. Im Zuge der Bürokratisierung und Technisierung des Krankenhauses hat die Pflege in zunehmendem Maße Aufgaben, Verantwortlichkeiten und Rollenzuschreibungen aus der Administration und Medizin übernommen (Barnard et al. 2001; Hülsken-Giesler 2007). Durch diesen Prozess der „Deputization" habe sich das professionelle Selbstverständnis der Pflege in den letzten Jahrzehnten stark an biomedizinischen Paradigmen orientiert, mit der Folge, „dass Pflegende, ebenso wie technische Artefakte, effektiv als Verlängerung des ärztlichen Handelns eingesetzt werden können" (Hülsken-Giesler 2007: 107). Dass die Pflege in der hochtechnisierten Umgebung des Klinikalltags zu einer Restgröße eines medizinisch-technischen Funktionalismus verkümmern könnte, ist im wissenschaftlichen Diskurs durch technikkritische Strömungen (vgl. im Überblick Hülsken-Giesler 2007; Friesacher 2010) thematisiert worden.

Mit Blick auf die Entwicklung der Pflegearbeit ist nun die Frage von Bedeutung, inwiefern sich die zunehmende Technisierung der Pflege quasi „von selbst" als notwendige und unvermeidliche Modernisierung durchsetzt und welche Rolle das arbeitsbezogene Expertenwissen der Pflegekräfte und deren Aneignungsprozesse von Technik für die Entwicklung und einen erfolgreichen Einsatz ebendieser Technik spielen können und sollen (Haubner/Nöst 2012; Compagna/Shire 2014). Daneben ist die Frage zu stellen, inwiefern der stärkere Einsatz von Technik zu einer inhaltlichen und gesellschaftlichen Aufwertung der Pflege und zur Abfederung des Fachkräftemangels beitragen könnte – die wenigen Beiträge dazu verweisen darauf, dass bereits seit den frühen 1970er Jahren argumentiert wird, der technische Fortschritt befördere eine Aufwertung der Pflegearbeit. Sie führen aber ebenso an, dass zumindest im Krankenhaussektor der zunehmende Technikeinsatz keineswegs automatisch zu einem „Upgrading" der Pflege, sondern eher im Gegenteil zu einer verschärften Arbeitsteilung und zu parallelen Spezialisierungs- und De-Qualifizierungsprozessen geführt habe (Windsor 2007).

Die Effekte des Technikeinsatzes für die Pflegearbeit sind dabei im jeweiligen konkreten Anwendungszusammenhang zu betrachten. Mit Blick auf Beispiele aus der internationalen Literatur zeigen sich die Digitalisierung der Dokumentation und Pflegeplanung sowie telemetrische Anwendungen in der Medizin und Pflege als die gegenwärtig dominierenden Anwendungsfelder (Hielscher 2014). Erstere gewinnt ihre Bedeutung durch die wachsenden Qualitätsanforderungen im Gesundheitswesen sowie durch die Notwendigkeit zur präzisen Leistungserfassung und zur Absicherung von Haftungsrisiken (vgl. Kap. 3.2). Letztere erhält eine zunehmende Relevanz durch die Anforderung in vielen Regionen, mit begrenzten Ressourcen in dünn besiedelten Gebieten Beratung und Anleitung zu Pflege und medizinischer Versorgung aufrecht zu erhalten. Sowohl die digitale Dokumentation als auch telemetrische Anwendungen basieren auf den enorm gewachsenen Potenzialen der Informations- und Kommunikationstechnologie. Darüber hinaus rückt der Robotereinsatz in der Pflege verstärkt in die Diskussion, um das Personal zu unterstützen und den „Pflegenotstand" abzumildern. In der Praxis haben Pflegeroboter aktuell eine eher noch nachrangige Bedeutung. Dennoch ist dieses Feld von Relevanz, wenn es um die fachöffentliche Diskussion der „Pflege der Zukunft" und um die prognostizierten Marktpotenziale für die Anbieter geht (Graf et al. 2013; Meyer 2011; Hielscher 2014).

Eine für die Situation in Deutschland durchgeführte Recherche (Sowinski et al. 2015; vgl. Kap. 2.2) hat gezeigt, dass neben der Digitalisierung der Dokumentation die außerklinische Intensivpflege (vgl. Kap. 3.4), die Nutzung von Personenortungssystemen für desorientierte Menschen (vgl. Kap. 3.3) sowie elektronische Bewegungsspiele und emotionale Roboter zur Unterstützung von Aktivitäten eine wachsende Rolle spielen. Hilfen zum Heben und Tragen (Lifter) sind bereits seit längerem etablierte wichtige Hilfsmittel vor allem im stationären Einsatz (vgl. Kap. 3.1).

Zwar liegen eine Reihe von Forschungsarbeiten zu Technikeinstellungen und zur Akzeptanz des Technikeinsatzes bei Pflegekräften vor allem im Krankenhaussektor vor (vgl. im Überblick: Hielscher 2014). Welche Effekte jedoch der Technikeinsatz in verschiedenen Anwendungsfeldern auf die Mikroprozesse der Pflegearbeit, auf Arbeitsbedingungen und Qualifikationsanforderungen mit sich bringt, ist bisher kaum Gegenstand empirischer Studien gewesen. Aus einer arbeitssoziologischen Perspektive scheinen zum Thema Technik und Pflegearbeit noch erhebliche Forschungsbedarfe zu bestehen (ebenda).

2. Untersuchungsdesign

Mit den Ergebnissen des Forschungsprojekts „Technologisierung der Pflegearbeit? Bestandsaufnahme und Perspektiven einer neuen Schlüsselbranche"[4] sollen vor dem Hintergrund der angesprochenen Forschungslücken die Effekte des Technikeinsatzes auf die Pflegearbeit empirisch näher beleuchtet werden. Dabei geht es weniger darum, ein weiteres technikoptimistisches oder technikpessimistisches Statement wissenschaftlich zu untermauern. Statt einer normativen Positionierung sollen in verschiedenen Feldern des Technikeinsatzes die Rahmenbedingungen, Prozessvoraussetzungen und Gestaltungschancen für die Techniknutzung herausgearbeitet werden. Der analytische Fokus richtet sich dabei auf die Erfahrungen der Akteure mit dem Technikeinsatz, die in einer rekonstruierenden Perspektive nachgezeichnet werden. Insofern stehen in der Studie weniger Zukunftstechnologien im Zentrum der Betrachtung, sondern solche, die gegenwärtig bereits in der Praxis der Pflege Anwendung finden und zu deren Nutzung aus dem Arbeitsalltag heraus Erfahrungen vorliegen.

Das Ziel der Untersuchung bestand darin, die wichtigsten Entwicklungen des Technikeinsatzes in der ambulanten und stationären Altenpflege exemplarisch zu rekonstruieren und auf ihre Rückwirkungen für die professionelle Pflegearbeit hin zu befragen. Die Studie betritt insofern dabei Neuland, als sie in einer technik-vergleichenden Perspektive den Technikeinsatz in der Pflege im Kontext der Arbeitsorganisation und -prozesse und der subjektiven Wahrnehmung durch die Pflegekräfte in den Blick nimmt. Für das Projekt standen folgende Forschungsfragen im Mittelpunkt:

1. Wie weit und in welchen Bereichen der Pflegearbeit ist der Einsatz von Technik bisher verbreitet? Welche Technologietypen und Technologiegenerationen sind dabei vorherrschend?
2. Inwiefern bestehen typische betriebliche Strategien für den Technikeinsatz? Wie sind diese Strategien mit der Arbeitsorganisation und der Personalpolitik in den stationären Einrichtungen und ambulanten Diensten verknüpft?
3. Wie ist bei der Einführung neuer Technik der Implementationsprozess organisiert? Wie gehen Pflegekräfte mit der Handhabung der Techniken und mit der gegebenenfalls daran geknüpften Veränderung der Arbeitsorganisation um, welche Barrieren tauchen im Zuge der Einführung auf? Wie ist die Technikakzeptanz der Beschäftigten einzuschätzen?

---

4   Die Studie wurde vom Institut für Sozialforschung und Sozialwirtschaft (iso) in Kooperation mit dem Kuratorium Deutsche Altershilfe (KDA) durchgeführt. Im Rahmen dieser Kooperation lag die Federführung für sämtliche Arbeitsschritte beim iso-Institut, mit Ausnahme der Praxisfeldanalyse, welche in der Federführung des KDA erstellt wurde.

4. Welche Erfahrungen wurden bisher mit dem avancierten Einsatz von Technik in der Pflege gesammelt? Wie haben sich dadurch die Arbeitsorganisation, der Pflegeprozess und die Arbeitsanforderungen an die Beschäftigten verändert? Welche Anforderungen ergeben sich daraus für die zukünftige Gestaltung von Pflegearbeit und Technik?
5. Welche Anforderungen an die Qualifikationen und Kompetenzen der Beschäftigten sind durch eine „Technologisierung der Pflegearbeit" zu erwarten? Inwiefern können durch den Technikeinsatz „Upgradingprozesse" befördert werden, die die berufliche Tätigkeit in dieser Branche aufwerten?

Im Zuge der Untersuchung galt es, zunächst den Gegenstandsbereich zu erschließen und abzugrenzen und in einem zweiten Schritt die Praxen und Erfahrungen des Technikeinsatzes in der Pflege in ausgewählten Technikbereichen zu rekonstruieren. Dazu wurde der Studie ein mehrstufiges, aufeinander aufbauendes Design unterlegt, welches Literatur- und Dokumentenanalysen, Expertenbefragungen sowie qualitative Fallstudienerhebungen umfasste. Im weiteren Verlauf dieses Kapitels wird zunächst das methodische Vorgehen der Untersuchung näher dargelegt. Den anschließenden Hauptteil dieses Buches bilden die Fallstudienergebnisse zu vier verschiedenen Technikanwendungen: Hebe- und Tragesysteme, EDV-gestützte Dokumentation, Personenortungs- und Weglaufschutzsysteme sowie der Apparateeinsatz in der außerklinischen Intensivpflege. Die Fallstudien stellen die jeweiligen strategischen Motive, die Implementation und die Erfahrungen mit dem Technikeinsatz im Hinblick auf die Arbeitsorganisation und das individuelle Arbeitshandeln heraus. Ihnen ist jeweils ein spezifischer Abschnitt zum historischen Entstehungskontext der Technologie und – soweit vorliegend – zu entsprechenden Forschungsergebnissen zugeordnet. An die Darstellung der Technologiefallstudien schließt sich eine resümierende Querschnittsbetrachtung an: Hier stehen Fragen im Vordergrund, die über alle Technologiebereiche hinweg für die Entwicklung der Pflegearbeit relevant sind, z.B. zu den Be- und Entlastungswirkungen für die Pflegearbeit, den Kontextbedingungen des Technikeinsatzes und zu den Folgen für die Pflegeinteraktion. Abschließend wird anhand der Ergebnisse reflektiert, welche Potenziale die empirisch untersuchten Techniktypen für die Professionalisierung der Pflegearbeit sowie für eine Verbesserung der Pflege- und Versorgungsqualität mit sich bringen können.

2.1 Internationale Literaturrecherche

Zu Beginn der Studie lagen in der deutschsprachigen Forschungsliteratur nur wenige Beiträge zur Verbreitung des Technikeinsatzes und zu den Effekten auf die Dienstleistungsproduktion und Arbeitsprozesse in der Pflege vor. Insofern wurde in der ersten Phase der Untersuchung eine umfangreiche Recherche der internationalen Forschungsliteratur aus Europa und den USA durchgeführt. Ausgewertet wurden dazu Publikationen aus Arbeits- und Industriesoziologie, Gesundheits- und Pflegewissenschaft sowie aus der Forschung zu personenbezogenen Dienstleistungen. Die Literaturstudie wurde bereits während der Projektlaufzeit als eigenständige Veröffentlichung publiziert (Hielscher 2014[5]; Hielscher et al. 2015). Im Mittelpunkt der Literaturauswertung stand die Frage, in welchen Bereichen der Einsatz bestimmter Technologietypen besonders vorangeschritten ist und welche Folgewirkungen der Technikeinsatz auf die Arbeitssituation der Beschäftigten in der Pflege hat. In die Literaturstudie gingen nach einer eingehenden Datenbank- und Internetrecherche[6] 91 Beiträge ein. Der Technikeinsatz in der Altenpflege wurde schließlich in den Praxisfeldern der EDV-gestützten Pflegedokumentation, der Pflege über Distanzen hinweg (Telecare) sowie im Rahmen der Nutzung von Service- und Pflegerobotern nachgezeichnet und hinsichtlich der vorliegenden Erkenntnisse zur Akzeptanz der Technik ausgewertet.

2.2 Praxisfeldanalyse zum Technikeinsatz in der Pflege in Deutschland

Mit der Literaturanalyse wurden die Grundlinien des internationalen Diskurses skizziert. Ergänzend wurde mit Blick auf die Situation in Deutschland im Rahmen einer Praxisfeldanalyse ein Überblick erarbeitet, welche Verbreitung der Technikeinsatz in der Pflege hierzulande bereits erreicht hat. Im Mittelpunkt der Betrachtung standen dabei solche Technologien, die das Stadium der Entwicklung und Modellerprobung bereits verlassen haben und an der Schwelle zu einer breiteren Anwendung stehen oder bereits etabliert sind und somit den Arbeitsalltag der Beschäftigten von vielen stationären und ambulanten Altenhilfeeinrichtungen prägen. Ausgeklammert wurden hingegen technische Anwendungen, die derzeit ausschließlich in Modellprojekten zum Einsatz kommen, sowie solche, die nur für die Krankenhauspflege relevant sind.

Die Praxisfeldanalyse stützte sich in erster Linie auf die vielfältigen Arbeits- und Beratungskontakte des KDA zu (teil-)stationären und ambulanten Pflegeeinrichtungen. Die dem KDA vorliegenden Beratungsprotokolle und Erfahrungsberichte zur Technikanwendung wurden für die Praxisfeldanalyse ausgewertet. Zudem wurde ergänzend die deutschsprachige Fachliteratur einbezogen. Der Bericht zu den Ergebnissen wurde bereits während der Laufzeit des Projekts veröffentlicht (Sowinski et al. 2015). Die Ergebnisse der Praxisfeld-

---

5 Kostenfreier Download unter: www.iso-Institut.de/iso-reports
6 Zur methodischen Vorgehensweise im Detail vgl. Hielscher 2014: 8ff.

analyse liefern eine empirisch begründete Einschätzung zu den Entwicklungen und Zukunftstrends des Technikeinsatzes, ohne jedoch den Anspruch auf eine umfassende wissenschaftliche Absicherung oder eine abschließende Vollständigkeit der Befunde zu erheben. Diese Bestandsaufnahme lieferte zum einen eine erste Differenzierungsmöglichkeit zwischen der Vielzahl der teils euphorischen Berichte über avancierte Techniklösungen und den in der Pflegepraxis tatsächlich relevanten Anwendungsbezügen. Zum anderen waren diese Befunde insofern ein wichtiger Zwischenschritt für das Projekt, als sie eine Entscheidungshilfe für die Auswahl der empirisch zu betrachtenden Bereiche für die Fallstudienanalyse geliefert haben.

2.3   Expertenbefragung zu Rahmenbedingungen und Governance-Strukturen des Technikeinsatzes

Der Einsatz von Technologien in der Pflege hängt nicht allein vom verfügbaren Technikangebot, der Nachfrage der Anwender und der Technikakzeptanz von Pflegebedürftigen und professionell Pflegenden ab. Vielmehr sind die Technikentwicklung und ihre Einführung eingebettet in ein Geflecht aus Rahmenbedingungen, das durch wichtige externe Akteure (z.B. Trägerverbände und Kostenträger) geprägt ist. Um die verschiedenen Akteursperspektiven und ihr Ineinandergreifen bei der Technikeinführung zu erfassen und die überbetrieblichen Rahmenbedingungen des Technikeinsatzes abzubilden, wurde in der ersten Projektphase eine Expertenbefragung durchgeführt. Dabei wurden im Rahmen leitfadengestützter Experteninterviews (Bogner et al. 2002) Personen aus den Wohlfahrtsverbänden, aus Unternehmen der Technikentwicklung, aus der Wissenschaft, von Kostenträgern (Kranken- und Pflegekassen) sowie berufspolitische Akteure und Träger der Aus-, Fort- und Weiterbildung (vgl. Tab. 1) zu folgenden Aspekten befragt:

–   Ökonomische, rechtliche und politische Rahmenbedingungen des Technikeinsatzes in der Altenpflege;
–   Zielperspektiven und Strategien der Träger und der Technikanbieter/-entwickler;
–   Anforderungen an die Qualifikation und Kompetenzen der Technikanwender/innen mit den Herausforderungen an Aus- und Weiterbildung;
–   Sicherung der Qualität in der Pflege sowie Anforderungen an die Finanzierungsstrukturen für den Technikeinsatz;
–   Einbettung des Technikeinsatzes in den Arbeitsprozess; Anforderungen an Leistungs- und Produktivitätspolitik in der Altenpflege.

Zu diesen Aspekten wurden 21 Expert/inn/en in mündlichen, teils telefonisch durchgeführten Interviews befragt. Die Expertengespräche dauerten in der Regel zwischen 60 und 90 Minuten; sie wurden auf Tonband aufgezeichnet und ausführlich protokolliert.

Tab. 1: Übersicht zum Sample der Expertenbefragung

Akteur	Fragestellungen	Anzahl befragter Expert/inn/en (N)
Wohlfahrtsverbände	Ziele und Strategien des Technikeinsatzes	4
Pflegedienstleister	Erfahrungen mit Technikeinsatz	2
Technikentwickler u. -berater	Szenarien, Marktpotenziale, Geschäftsmodelle	3
Kostenträger und politisch Verantwortliche	Finanzielle Rahmenbedingungen, Regelungsstruktur	2
Träger von Aus-, Fort-, Weiterbildung	Anforderungen an Qualifikation und an politischer Rahmensetzung	1
Gewerkschaften	Technik und Personal-/Leistungspolitik	1
Wissenschaft	Studien zu Pflegearbeit und Technik	4
Patientenverbände	Blick von Bewohnern/Patienten und Angehörigen auf Technik in der Pflege	2
Praxisanwendung	Besichtigung und Führung durch eine AAL-Wohnungsanlage in Kaiserslautern	2

Die Ergebnisse der Expertenbefragung sind in die Gegenstandsbeschreibung dieser Studie sowie in die Auswertungen der Fallstudien eingeflossen. Die Experteninterviews haben vor allem verdeutlicht, dass der Technikeinsatz in der Pflege zwar nicht neu ist, allerdings in der Zukunft eine wachsende Relevanz dieses Aspekts zu erwarten ist – vor allem hinsichtlich der Anforderung, die Pflegekräfte zeitlich, körperlich und psychisch zu entlasten.

2.4 Technologiefallstudien

Den empirischen Hauptstrang der Studie bildeten qualitative Fallstudien in ambulanten Diensten und stationären Pflegeeinrichtungen. Als Forschungsstrategie bieten Fallstudien den Vorteil, dass komplexe soziale Prozesse im Zusammenhang mit relevanten Kontextfaktoren detailliert analysiert werden können (Pongratz/Trinczek 2010). Die Analyse war dabei durch eine organisations- und mikrosoziologische Perspektive geleitet, welche die Voraussetzungen, die Praxis und die Implikationen des Technikeinsatzes in der Pflege in den Mittelpunkt rückt. Die Erhebungen in den Untersuchungsbetrieben wurden zu Falldarstellungen verdichtet, die die Anwendungspraxis einzelner Technologietypen zum Gegenstand haben. Insofern handelt es sich bei den nachfolgenden Ergebnispräsentationen um Technologiefallstudien und nicht um einzelbetriebliche Falldarstellungen. Für die Technologiefallstudien standen folgende empirische Erhebungsdimensionen im Mittelpunkt:

- Rolle und Stellenwert des Technologieeinsatzes in den Organisationsstrategien und der Arbeitsprozessgestaltung;
- Interdependenzen von sozialrechtlichen Voraussetzungen, Finanzierungsstrukturen, ökonomischem Druck und betrieblichen (Rationalisierungs-) strategien;
- Erfahrungen, Erwartungen und Akzeptanz der Pflegekräfte bezüglich des Einsatzes der Technik;
- Wirkungen und Effekte des Technikeinsatzes auf den Arbeitsprozess, die Arbeitsanforderungen (Qualifikation und Kompetenzen) und auf die Organisation der Pflegearbeit;
- Rolle der Techniknutzung im professionellen Selbstverständnis der Pflegekräfte;
- Probleme und Zielkonflikte des Technikeinsatzes in der Pflegepraxis.

Nun ist, wie im vorangegangenen Kapitel gezeigt, der Technikeinsatz in der Pflege keineswegs neu. Pflegearbeit ist in verschiedenster Hinsicht mit der Nutzung technischer Apparaturen und medizinischer Gerätschaften und Hilfsmittel verbunden. Für eine Untersuchung, die die Wandlungsprozesse der Pflegearbeit in den Blick nehmen will, musste also eine Auswahl getroffen werden, welche Typen von Technologie in die Betrachtung einbezogen werden sollen. Hierfür ist nicht allein entscheidend, dass eine technologische Anwendung „neu" oder „innovativ" ist. So hatten die vorangeschaltete Literaturrecherche, die Expertenbefragung und die Praxisfeldanalyse gezeigt, dass z.B. im Bereich von Pflege- und Servicerobotern in den vergangenen Jahren eine Reihe von Geräten entwickelt und erprobt worden sind (Meyer 2011), diese aber in der gegenwärtigen Pflegepraxis hierzulande (noch) keine nennenswerte Rolle spielen. Insofern war ein wichtiges Kriterium für die Auswahl der zu analysierenden Techniktypen die *empirische Relevanz*, also die faktische oder in naher Zukunft zu erwartende Anwendungsbreite der jeweils zu untersuchenden Technologien.

Darüber hinaus standen in der Untersuchung organisations- und arbeitsbezogene Fragen im Mittelpunkt. Daraus speiste sich als zweites Auswahlkriterium die (vermutete) *Bedeutung der Technologie für den Arbeitsalltag* der Pflegekräfte. Es sollten solche Techniktypen in die Analyse aufgenommen werden, von denen eine Prägekraft für die Pflegearbeit erwartet werden konnte. Damit rückten solche Technologien in den Vordergrund, die die Pflegekräfte im Arbeitsalltag handhaben und beherrschen müssen. Von daher blieben Technologien wie z.B. altersgerechte Assistenzsysteme in der privaten Häuslichkeit hier unberücksichtigt, auch wenn sie für die Versorgung und die Lebensqualität der Pflegebedürftigen eine wichtige Rolle spielen können und sie auch Schnittstellen zu den Tätigkeiten ambulanter Versorgungsdienstleister besitzen.

Schlussendlich wurden vor dem Hintergrund dieser Überlegungen und unter Rückgriff auf die Ergebnisse der Expertenbefragung und der Praxisfeldanalyse vier Technologiebereiche für die Fallstudienerhebungen ausgewählt:

- Elektromechanische Hebe- und Tragehilfen (Personenlifter);
- EDV-Einsatz in der Pflegedokumentation;
- Personenortungs- und Weglaufschutzsysteme;
- Technologie in der außerklinischen Intensivpflege.

Mit dieser Auswahl ist ein breites Spektrum an Einsatzbereichen von Technik abgedeckt. Sie umfasst Technologien zur körperlichen Entlastung der Pflegekräfte, Technologien zur Informationsverarbeitung und Kommunikation sowie solche zur Erhöhung der Sicherheit der Pflegebedürftigen und der Unfallvermeidung. In der Intensivpflege sind schließlich lebenserhaltende Technologien in der Auswahl vertreten, die zwar weniger von den Pflegekräften zur Ausübung der Pflege „angewendet" werden, aber durch deren Existenz und Funktionieren dieses wachsende Feld der Pflegearbeit in der stationären und in der ambulanten Versorgung überhaupt erst entstehen konnte. Die für die Betrachtung ausgewählten Technologien unterscheiden sich überdies in den Qualifikations- und Anwendungsvoraussetzungen sowie in der „Eingriffstiefe" der Technik in die Pflegeinteraktion. So sind von einem Liftereinsatz sowohl die Pflegekräfte wie auch die zu Pflegenden gleichermaßen unmittelbar betroffen, während die Nutzung der Dokumentationstechnologie nur mittelbare Folgen für die Pflegebedürftigen hat bzw. haben könnte. Die Entwicklung und Verbreitung der einzelnen Technologietypen sowie die Impulsgeber für ihre stärkere Nutzung werden in den einleitenden Abschnitten der Fallstudien näher dargestellt.

Die Übersicht (vgl. Tab. 2) zeigt, dass vier stationäre Einrichtungen und vier ambulante Dienste in die Untersuchung einbezogen wurden. Eine weitere Einrichtung bot sowohl ambulante als auch stationäre Formen der Versorgung an. Bei allen Einrichtungen und Diensten handelt es sich um kleine und mittelgroße Betriebe, die in den Bundesländern Baden-Württemberg, Nordrhein-Westfalen, Rheinland-Pfalz, Saarland und Sachsen ansässig waren. Die Untersuchungsbetriebe zur Personenortung und zur außerklinischen Intensivpflege waren im städtischen Raum, das Pflegeheim zur Liftertechnik im ländlichen Umfeld und die Einrichtungen und Dienste zur EDV-Dokumentation sowohl im städtischen wie auch im ländlichen Raum angesiedelt.

Tab. 2:   Übersicht zu den Untersuchungseinrichtungen

Einrich-tung	Leistungs-erbringung	Regionales Umfeld	Träger	Zahl der Mitarbeiter	Technikeinsatz
A	Stationär	Kleinstädtisch	Freigemeinnützig	124	EDV-Doku
B	Stationär	Ländlich	Freigemeinnützig	26	Personenlifter
C	Ambulant	Ländlich	Privat	34	EDV-Doku
D	Stationär	Kleinstädtisch	Freigemeinnützig	193	EDV-Doku Personenortung
E	Ambulant	Kleinstädtisch	Freigemeinnützig	194	EDV-Doku
F	Ambulant	Städtisch	Öffentlich	16	EDV-Doku
G	Stationär	Städtisch	Öffentlich	46	Außerklinische Intensivpflege
H	Ambulant	Städtisch	Privat	168	Außerklinische Intensivpflege
J	Ambulant und stationär	Städtisch	Privat	150	Personenortung

Bei der Übersicht fällt ins Auge, dass der Umfang der Erhebungen für die einzelnen Technologiebereiche variiert: Der Liftereinsatz wurde in einer stationären Einrichtung untersucht. Die Personenortung sowie die außerklinische Intensivpflege wurden in je einem Untersuchungsbetrieb aus dem stationären und dem ambulanten Sektor betrachtet. Für die EDV-gestützte Dokumentation wurden hingegen drei ambulante Dienste und zwei stationäre Einrichtungen herangezogen – dementsprechend hat die entsprechende Falldarstellung auch einen größeren Umfang eingenommen. Diese empirische Schwerpunktsetzung ergibt sich aus dem Umstand, dass die Digitalisierung der Pflegedokumentation und Pflegeprozessplanung derzeit diejenige technische Innovation darstellt, die in der Altenpflege die größte Entwicklungsdynamik verzeichnet. Zum anderen wird die Informationstechnik für die Dokumentation in unterschiedlichen Einsatzkonzepten genutzt, so dass es naheliegend war, diese Varianzen über eine größere Zahl an Untersuchungsbetrieben abzubilden. In der Einrichtung D kamen sowohl ein Weglaufschutzsystem als auch ein EDV-gestütztes Dokumentationsverfahren zum Einsatz. Hier konnten vor Ort die Akteure zu den Erfahrungen in der Nutzung beider Technologien befragt werden. Insgesamt stützen sich die Technologiefallstudien somit auf Erhebungen in neun Untersuchungseinrichtungen. In einem weiteren Pflegedienst wurde überdies ein zusätzliches Interview mit der Inhaberin zur Datenübermittlung zwischen Leistungsanbietern und Pflegekassen geführt, dessen Ergebnisse in die entsprechende Fallstudie eingeflossen sind.

Im Rahmen der Fallstudienerhebungen wurden insgesamt 62 Personen befragt. Folgende Übersicht verdeutlicht einige Strukturmerkmale des Samples:

Tab. 3: Struktur des Interviewsamples

	Gesamt n	Männl. Beschäftigte n (v.H.)		Teilzeitkräfte n (v.H.)	
Leitungskräfte	14	5	(36%)	1	(7%)
Pflegekräfte	62	6	(10%)	13	(21%)

Die Gruppe der Leitungskräfte umfasst solche Personen, die als Heimleitung, Geschäftsführung und Pflegedienstleitung tätig sind. Männliche Beschäftigte machen in dieser Gruppe einen erheblichen Anteil aus. Unter den befragten Pflegekräften befanden sich drei Fachkräfte mit Sonderfunktionen (Dokumentationsassistentin, Qualitätsbeauftragte und Medizinproduktebeauftragter) sowie zwei Auszubildende zur Pflegefachkraft. Teilzeitkräfte und Pflegehilfskräfte sind im Vergleich zur Beschäftigtenstruktur in der Branche in der vorliegenden Befragung weniger stark repräsentiert. Für die erste Gruppe ist anzunehmen, dass sie aus pragmatischen Gründen (geringere Anwesenheitszeiten im Betrieb und deshalb relativ höherer Aufwand für das Interviewgespräch) in geringerer Anzahl an der Befragung teilnehmen konnten. Bezüglich der Qualifikationsstruktur hatte sich im Zuge des Feldzugangs gezeigt, dass mit der Handhabung der untersuchten Technologien primär oder gar ausschließlich Pflegefachkräfte befasst sind.

Die Leitungskräfte wurden im Rahmen von Einzelinterviews mit einer Dauer von 60 bis 90 Minuten befragt. Die Pflegekräfte wurden in Gruppeninterviews mit in der Regel zwei bis sechs Personen befragt, die eine Dauer zwischen 90 und 120 Minuten hatten. Zudem erfolgten eine Begehung der Einrichtungen und eine Präsentation der dort eingesetzten Technologien. Die Interviews wurden mit Einverständnis der Befragten aufgezeichnet und im Anschluss ausführlich protokolliert bzw. transkribiert. Eine Auswertung erfolgte in Anlehnung an Verfahren der qualitativen Inhaltsanalyse (Mayring 2008). Die Auswertungskategorien der Inhaltsanalyse wurden dabei definiert durch:

– die Fragestellungen und Erkenntnisinteressen des Projekts, die den jeweiligen Leitfäden für die Interviews[7] zugrunde gelegt wurden;
– die Thematisierungen und Deutungsangebote, die von den befragten Akteuren in den Interviews artikuliert wurden.
– Mit dieser Ausrichtung war die Auswertung einerseits durch das analytische Konzept und die Fragestellungen der Studie inhaltlich vorstrukturiert, andererseits aber auch in gewissem Rahmen ergebnisoffen, so dass eine induktive und explorative Erschließung von Erfahrungskontexten und Problemfeldern ermöglicht wurde.

---

7   Zur Durchführung der Interviews wurden ein einheitlicher Leitfaden für die Leitungskräfte sowie nach Technologietyp differenzierte Leitfäden für die Pflegekräfte entwickelt.

3. Empirische Fallstudien zur Techniknutzung in der Pflege

In den folgenden Abschnitten werden die empirischen Ergebnisse zu den einzelnen Techniktypen im Rahmen von Falldarstellungen entfaltet. Für die Struktur der Fallstudien war – ebenso wie bei der Interviewauswertung – zu berücksichtigen, dass sie einerseits einem gewissen einheitlichen Aufbau folgen müssen, um die analytischen Perspektiven zum Tragen zu bringen und eine Vergleichbarkeit der Befunde über die verschiedenen Technologiefelder hinweg zu ermöglichen. Andererseits war den Besonderheiten des jeweiligen Techniktyps, seinem Anwendungskontext und den jeweiligen Einsatzstrategien in den Untersuchungseinrichtungen Rechnung zu tragen. Es wurde deshalb eine Darstellungsweise gewählt, die eine einheitliche Grundstruktur für die Technologiefallstudien anlegt, innerhalb derer die Ergebnisse in induktiver Perspektive entwickelt werden. Die Fallstudien sind ihrem Gerüst nach wie folgt aufgebaut: Hintergrund und Funktionsbeschreibung der jeweils untersuchten Technologie, historische Erfahrungen, Ziele und Implementationswege sowie Erfahrungen mit dem Technikeinsatz. Den empirischen Kern der Fallstudien bildet der jeweilige Abschnitt zu den Erfahrungen mit dem Technikeinsatz: Hier werden die Sichtweisen der befragten Leitungs- und Pflegekräfte mit Blick auf die technisch-organisatorischen Rahmenbedingungen und Voraussetzungen, die betriebswirtschaftlichen und arbeitsorganisatorischen Effekte der Techniknutzung und schließlich auf die Anforderungen in der alltäglichen Pflegearbeit sowie die Akzeptanz des Technikeinsatzes bei den Pflegekräften rekonstruiert. Die Mesoebene der Einrichtungen und Dienste als Organisationen sowie die Mikroebene des Arbeitshandelns der Pflegekräfte stehen somit im analytischen Fokus. Die Makroebene der politisch-rechtlichen Regelungen und Finanzierungsbedingungen wurde in den aus Sicht der handelnden Akteure bedeutsamen Punkten thematisiert.

Die Reihung der Technologiefallstudien beginnt mit denjenigen Anwendungen, die gegenwärtig bereits eine hohe Verbreitung und eine relativ große Alltagsnähe in der Pflegearbeit besitzen: Hebe- und Tragehilfen sowie die EDV-Systeme zur Pflegedokumentation. Die Ergebnisse für die sich gerade erst am Markt erst durchsetzenden Personenortungs- und Weglaufschutzsysteme sowie für die spezielle Versorgungsform der außerklinischen Intensivpflege werden an dritter und vierter Stelle dieses Kapitels dargelegt.

3.1   Personenlifter

3.1.1   Hintergrund

Die Pflege mobilitätseingeschränkter bzw. bettlägeriger Menschen geht für das Pflegepersonal bisweilen mit einem erheblichen körperlichen Kraftaufwand einher. Grundpflege, Lagerung, Mobilisierung und behandlungspflegerische Tätigkeiten werden zur körperlichen Schwerstarbeit für Fachkräfte, wenn die Pflegebedürftigen nicht mehr in der Lage sind, eigenständig aufzustehen oder die Handgriffe der sie pflegenden Personen z.b. durch Gewichtsverlagerung zu unterstützen. Die sich hieraus ergebenden Belastungen für den Stütz- und Bewegungsapparat der Altenpfleger/innen stellen nachweislich ein großes Gesundheitsrisiko dar (Blass et al. 2008; BGW/DAK 2003). Konventionell lässt sich dieses Risiko dadurch minimieren, dass solche Hubarbeiten von mehreren Pflegekräften gemeinsam verrichtet werden. Doch vor dem Hintergrund des eng getakteten Arbeitsalltages, der Personalnot und des omnipräsenten Zeitmangels in der Altenpflege – insbesondere im stationären Bereich (Hielscher et al. 2013) – entsteht für die Arbeitsorganisation ein Konflikt zwischen ergonomischen und zeitökonomischen Zielen. Die Dringlichkeit dieses Problems lässt sich anhand der Daten aktueller Fehlzeitenanalysen ablesen: Erkrankungen des Muskel-Skelett-Systems machen geschlechter- und berufsgruppenübergreifend die meisten Krankheitsfehltage in Deutschland aus (TK 2013). In der stationären Altenpflege resultieren 24 Prozent sämtlicher Fehlzeiten aus rücken- bzw. muskelassoziierten Beschwerden (WIdO 2014; Ärzteblatt 2011). Internationale Forschungsergebnisse deklarieren musculoskeletal problems bzw. die mangelnde Verfügbarkeit von technischen Hilfsvorrichtungen beim Patiententransfer zu entscheidenden Prädiktoren für einen vorzeitigen Berufsausstieg von Pflegekräften (Fochsen et al. 2006).

Medizinische Studien aus den USA verweisen bereits seit längerem darauf, dass der regelmäßige Einsatz von Personenliftern in Pflegeeinrichtungen entscheidend zur Reduktion von Fehltagen und zur Förderung der Mitarbeitergesundheit beitragen kann (Evanoff et al. 2003; Li et al. 2004). In deutschen Einrichtungen scheinen Liftergeräte zwar eine relativ große Verbreitung gefunden zu haben, doch gibt die Forschung hierzulande gleichermaßen Hinweise auf eine nur inkonsequente Techniknutzung durch das Pflegepersonal (vgl. Abschnitt „Historische Erfahrungen").

Bereits an dieser Stelle deutet sich an, dass der Einsatz von Hebe- und Tragesystemen keineswegs in einer einfachen Kosten-Nutzen-Rechnung aufzugehen scheint oder sich ausschließlich an effizienzfunktionalen Kriterien orientiert. Die vorliegende Fallstudie geht deswegen der Frage nach, welche weiteren Faktoren – neben der objektiven Nützlichkeit – die Anwendung bzw. Nichtnutzung von Liftern bestimmen. Hierzu werden die Anschaffung, die Implementation sowie der Regelbetrieb von Liftergeräten in einem Seniorenheim aus Sicht von Leitungs- und Fachkräften rekonstruiert. Aus dieser Perspektive stellt sich der Technikeinsatz als voraussetzungsvolle betriebliche Aufgabe sowohl für das Einrichtungsmanagement als auch für das Pflegepersonal dar, mit Konsequenzen für die Arbeitsorganisation, Betriebsabläufe und die Pflegeinteraktion.

3.1.2   Funktionsbeschreibung von Personenliftern

Technische Lösungen für das oben beschriebene Dilemma existieren bereits seit Jahrzehnten in Form so genannter Personen- oder Patientenlifter bzw. Hebe- und Tragehilfen (Sowinski et al. 2015). Derzeit sind 185 verschiedene ISO-zertifizierte Hebe- und Tragesysteme auf dem Hilfsmittelmarkt erhältlich[8], die zum Anheben und Bewegen von Pflegebedürftigen eingesetzt werden, den Patiententransfer bzw. die Umlagerung unterstützen und die Fachkräfte somit körperlich entlasten (REHADAT 2014). In ihrer Grundfunktion ähneln sich alle Produkte: Durch eine (zumeist elektrische) Hubmechanik wird die zu bewegende Person entweder nach dem Kran- oder nach dem Hebebühnenprinzip in die gewünschte Position gebracht. Die Kraftübertragung erfolgt entweder über ein Gurtgeschirr, eine Sitz- oder Liegefläche (häufig aus Tuch bzw. einem vergleichbaren synthetischen Material) oder aus einer Kombination dieser Elemente. Die Vielzahl unterschiedlicher Liftermodelle erklärt sich vor allem aus dem jeweiligen Anwendungszusammenhang. Abhängig von der Ausgangssituation und der gewünschten Zielposition können beispielsweise Lifter mit Rollenfahrwerk oder stationäre Modelle mit Schwenkarm bzw. deckenmontierten Laufschienen zum Einsatz kommen. Je nach Modell können Hubhöhen zwischen einem und zwei Metern erreicht werden, wobei die stationären Lifter größere Höhen erreichen als fahrbare Geräte. Die Standardhebeleistung variiert zwischen 120 und 150 kg.

Die Systemsteuerung läuft zumeist über Handschalter am Gerät bzw. mittels Fernbedienung. Die gesamte Nutzung der Hebehilfen erfordert in der Regel nur eine Anwendungsperson. Preislich liegen die Geräte meist in einer Spanne zwischen 2.000 und 3.000 Euro (vgl. etwa Hyper Joint GmbH 2014).

Bei der Untersuchungseinrichtung, in der die empirische Basis der vorliegenden Fallstudie erhoben wurde, handelt es sich um ein baden-württembergi-

---

8   Die Hebe- und Tragesysteme verteilen sich im Hilfsmittelverzeichnis auf neun Produktgruppen: Fahrbare Lifter mit Gurtsitzen für den Transfer einer Person in sitzender Position; fahrbare Stehlifter; fahrbare Lifter mit festen Sitzen für den Transfer einer Person in sitzender Position; fahrbare Lifter für den Transfer einer Person im Liegen; stationäre Lifter mit Wand-, Boden- oder Deckenbefestigung; stationäre Lifter zur Befestigung in oder an einem anderen Objekt; stationäre, freistehende Lifter; sonstige Lifter.

sches Pflegeheim in freigemeinnütziger Trägerschaft (Einrichtung B). In beiden dort eingerichteten Wohnbereichen kommen fahrbare Aufstehhilfen zum Einsatz, durch die Personen aus der Sitzposition in den Stand gehoben und über kürzere Strecken transportiert werden können. Diese Liftervariante besitzt ein vierrädriges Fahrwerk, auf dem sich eine Fußablagefläche, eine Beinstütze sowie eine Hubvorrichtung befinden, an welcher ein Gurtgeschirr und Haltegriffe montiert sind. Die Lifterprozedur verläuft bei den Aufstehhilfen zunächst über die Sicherung eines festen Standes der zu bewegenden Person, indem ihre Füße auf der Standfläche positioniert und ihre Schienbeine von Polstern gestützt werden. Nach dem anschließenden Anbringen des Tragegurts am Rücken (über den Bereich der unteren Brust- und oberen Lendenwirbelsäule) können die Hände an die Haltegriffe fassen, um während des Lifterprozesses ein höheres Sicherheits- und Kontrollgefühl zu behalten bzw. einen Teil der Hubarbeit aus eigener Kraft zu verrichten. Im Gegensatz zu Deckenliftern entstehen bei der Anwendung von Aufstehhilfen dadurch nur geringe Hubhöhen.

3.1.3   Historische Erfahrungen

Mit Blick auf die Einsatzhäufigkeit von Liftergeräten liegen keine verlässlichen Langzeitdaten vor. Somit ist es schwierig, Aussagen darüber zu treffen, inwieweit sich diese Technologie im Laufe der Zeit im Praxisfeld der Altenpflege etabliert hat. Untersuchungen der Berufsgenossenschaft BGW verweisen allerdings darauf, dass im stationären Bereich 90 bis 95 Prozent der Pflegekräfte in ihrer Einrichtung über Hebehilfen verfügen (BGW/DAK 2001; BGW 2006). Wenngleich dieser Befund eine weite Verbreitung von Liftern nahelegt, weisen andere Studien doch auf eine schwach ausgeprägte Anwendungshäufigkeit hin. So scheinen die technischen Hilfsmittel von 35 bis 50 Prozent der Pflegekräfte überwiegend ungenutzt zu bleiben (Pitsch 2001a, 2001b; Meyer 1995). Eine neuere Untersuchung aus Österreich stützt diese Befunde. Die im Auftrag der Österreichischen Unfallversicherung durchgeführte Repräsentativbefragung ergab, dass in 90 Prozent der untersuchten Einrichtungen Patientenlifter vorhanden waren, jedoch 60 Prozent der dort tätigen Pflegekräfte diese Geräte selten oder nie benutzten (Wieland 2007).

Die Diskrepanz zwischen der zahlenmäßig hohen Verbreitung und der vergleichsweise geringen Nutzerakzeptanz wird in einschlägigen Studien vor allem auf folgende Gründe zurückgeführt:

–   Zeitmangel bei den Pflegekräften,
–   fehlende Routine bei der Technikanwendung,
–   als kompliziert empfundene Handhabung,
–   mangelnde Einweisung,

- Gerätegröße verhindert Einsatz,
- Ablehnung/Angst auf Seiten der Bewohner/innen (Blass et al. 2008; Pitsch 2001b).

Einsatzbarrieren beziehen sich vor allem auf Kriterien der Nutzerfreundlichkeit und des Nutzungskontextes von älteren, fahrbaren Liftermodellen. Frühere Hebehilfen verursachten bei der Arbeit mitunter laute Geräusche (vor allem aufgrund kettenmontierter Sitzgurte), was die Pflegebedürftigen erschrecken und Irritation bis hin zu Angstgefühlen hervorrufen konnte. Einschränkungen bei der Einsatzflexibilität ergaben sich für die Pflegekräfte vor allem aber durch das sperrige Design (Gewicht und Größe) der Lifter. Dadurch, dass die Geräte in den teilweise stark beengten Stationsräumlichkeiten nicht richtig manövriert werden konnten, wurde häufig aus Zeitgründen darauf verzichtet, bei der Hubarbeit von einer technischen Unterstützung Gebrauch zu machen. In der neueren Produktentwicklung wurden diese Mängel berücksichtigt und modernere, „smartere" Varianten von Hebehilfen auf den Markt gebracht, die insgesamt kleiner und wendiger gestaltet sowie einfacher in der Handhabung sind (Sowinski et al. 2015). Mit Blick auf die Ängste der Pflegebedürftigen konnten zumindest hinsichtlich der Gerätelautstärke Verbesserungen erzielt werden. Ungeachtet der technischen Weiterentwicklung und verbesserten Usability bleibt jedoch ein genereller Sachverhalt bestehen, der sowohl bei den Patient/inn/en als auch bei den Pflegekräften nach wie vor Unbehagen auslösen kann: Der Mensch wird von einer Maschine getragen. Für beide Seiten entsteht hieraus eine unmittelbare Abhängigkeit vom reibungslosen Funktionieren der angewandten Technik. In Zusammenhang mit dem je individuellen Erleben kann diese Überantwortung mehr oder weniger stark mit einem Autonomie- und Kontrollverlust, Gefühlen des Ausgeliefertseins sowie Angst und Panik assoziiert sein.

3.1.4   Ziele des Technikeinsatzes

Das Grundproblem beim manuellen Patiententransfer liegt in den damit verbundenen gesundheitlichen Risiken für die Pflegekräfte. Durch die angespannte Personalsituation in der Altenpflege setzt hier außerdem ein strukturelles Zeitproblem auf, wodurch die „konventionelle" arbeitsteilige Lösung, den Transfer mit mehreren Fachkräften gleichzeitig durchzuführen, zunehmend schwieriger zu realisieren ist. Diese Situation verschärft sich vor dem Hintergrund genereller Trends des demografischen Wandels: So wächst mit dem steigenden Altersdurchschnitt der Bevölkerung nicht nur die Gesamtzahl schwer- bzw. schwerstpflegebedürftiger Heimbewohner/innen und damit der faktische pflegeintensive Unterstützungsbedarf. Älter werden auch die Belegschaften der Seniorenheime, die somit eine größere Vulnerabilität gegenüber Risikofaktoren im Zusammenhang mit Hebe- und Tragetätigkeiten aufweisen und zum Teil gar nicht mehr in der Lage sind, schwere Lasten zu bewegen.

Die hier skizzierte Problematik wird in den Interviewgesprächen mit der Heim- und der Wohnbereichsleitung der Untersuchungseinrichtung in der Qualität eines Sachzwanges geschildert, der die Einführung von Liftern alternativlos erscheinen ließ:

> „Das hing mit der Klientel zusammen. Wenn ein Bewohner da ist, der es braucht und die Mitarbeiter mit dem Heben überfordert sind, ist das die einzige Lösung gewesen." (Leitungskraft 1B)

> „Und die Bewohner, die wir heute haben, sind viel kränker als früher. Die könnte man heute gar nicht mehr alle heben. Oder nur zu zweit, aber das geht auch nicht." (Leitungskraft 2B)

Mit dem Technikeinsatz wird aber nicht nur das Ziel der beschäftigtenbezogenen Gesundheitsförderung verfolgt. Für die befragten Führungskräfte zielt die Nutzung von Hebehilfen gleichermaßen auf Verbesserungen der Lebensqualität ihrer Bewohner/innen ab. Der Liftereinsatz gestatte es, wesentlich häufiger Transfers durchzuführen. Einerseits profitierten davon schwer pflegebedürftige, bettlägerige Patienten, denen ein höheres Maß an Teilhabe am gemeinschaftlichen Leben ermöglicht wird. Diese könnten öfters zu Gemeinschaftsaktivitäten und somit in sozialen Austausch mit anderen Heimbewohner/inne/n gebracht werden. Andererseits könnten mithilfe der Lifter viele Pflegebedürftige noch die Toilette benutzen, die ansonsten auf Inkontinenzeinlagen angewiesen wären:

> „Man kann zum Beispiel Rollstuhlfahrern den Toilettengang ermöglichen und somit die Windeln ersparen." (Pflegekraft 1B)

In der untersuchten Einrichtung fungiert die Technik demnach sowohl als Instrument der Mitarbeiterentlastung bzw. Gesundheitsförderung als auch zur Ermöglichung sozialer Teilhabe und zur Sicherung der Pflegequalität.

3.1.5 *Implementationsweg*

Die Organisation verfügte zum Erhebungszeitpunkt bereits über einige Erfahrungen bei der Implementation neuer Technologien, da es in der jüngeren Einrichtungshistorie mehrere Geräteanschaffungen gegeben hatte. Dabei blieb es in einigen Fällen bei Einführungsversuchen, da manche Technikprodukte keine Akzeptanz bei der Belegschaft fanden, in der Folge unbenutzt blieben und wieder abgeschafft wurden. Gerade die Erfahrungen mit dem Scheitern und dessen rückblickende Analyse brachten die Einrichtungsleitung zu der Erkenntnis, dass die bloße Innovativität einer Technik oder der Umstand, dass für bestimmte Handgriffe auch technische Lösungen existieren, für sich alleine keine hinreichenden Akzeptanzkriterien darstellen. Sinn und Zweck der Technikeinführung und die damit verbundenen strategischen Ziele der Einrichtung müssen letztendlich – so die Erfahrung der Leitung – in einem praktischen Bezug zu arbeitsalltäglichen Problemen der Mitarbeiter/innen stehen und einen unmittelbar erkennbaren Nutzen für diese bzw. die Pflegebedürftigen generieren. Eine solche funktionale Konvergenz war vor etwa zehn Jahren, als die Liftergeräte in Betrieb genommen wurden, in der Einrichtung weitestgehend gegeben, wenngleich sich die Einführung und Etablierung der Technik dennoch keineswegs im Sinne eines „Selbstläufers" vollzogen, sondern planvoll eingesteuert und formalorganisatorisch abgesichert wurden.

Fachprofessionelle und technische Voraussetzungen

Angesprochen auf die damaligen Rahmenbedingungen, berichten die Leitungskräfte von unterschiedlichen Wandlungsprozessen, die zu jener Zeit in Gang gesetzt wurden, und die die Akzeptanzbereitschaft für einen Einsatz der Aufstehhilfen innerhalb der Belegschaft entscheidend förderten.

Zum einen wurden die Einsatzbedingungen von Technik durch einen Wandel von fachprofessionellen Überzeugungen in der Pflege begünstigt. So hätten ein wachsendes Gesundheitsbewusstsein und ein kritisch-reflektierender Umgang mit den eigenen Belastungsgrenzen sukzessive den Glauben abgelöst, das Aushalten schwerer körperlicher Belastungen und deren Folgen wären konstitutiver Bestandteil von Professionalität (Bartholomeyczik et al. 1988; Sowinski et al. 2015). Daneben waren Hebe- und Tragesysteme vormals vor allem aus dem Bereich der Behindertenhilfe bekannt und deswegen mitunter negativ konnotiert. Man habe damals in stellvertretender Deutung „zu viel für den Bewohner gedacht" (Leitungskraft 1B) – die Sorge um eine vermeintlich stigmatisierende Identifizierung älterer Menschen durch den Geräteeinsatz mit dem zu dieser Zeit noch stärker Defizit orientierten „Etikett der Behinderung" begann in den professionellen Orientierungen der Altenpflegekräfte immer mehr an Bedeutung zu verlieren.

Eine demgemäß wachsende Offenheit gegenüber technischen Unterstützungsmöglichkeiten der Pflegearbeit traf zum anderen auf eine verbesserte Produktqualität. In einer Sondierungsphase vor Einführung der Hebehilfen konnten sich die Leitungskräfte während der Dienstbesprechungen ein Erfahrungs- bzw. Meinungsbild im Kollegium über die Einsatzpotenziale von Tragesystemen einholen. Die mitgebrachten Erfahrungen verschiedener Mitarbeiter/innen bezogen sich vor allem auf die Anwendung von Liftergeräten älterer Baureihen und waren daher überwiegend negativ. Die Kritik richtete sich in erster Linie auf die unflexible Handhabung beim Manövrieren fahrbarer Modelle, den damit verbundenen Zeitaufwand sowie die als störend empfundene Lärmentwicklung der

Maschinen. Durch Messebesuche und die Präsentation neuerer Geräte im Kollegenkreis ließen sich die neuralgischen Punkte weitgehend relativieren, was in diesem Fall zu einer Neubewertung der Technikpotenziale beitrug.

Neben dem Wandel von fachprofessionellen Überzeugungen in Verbindung mit einem Abbau technikbezogener Anwendungshürden bzw. einem Wissens-Update um die verbesserten Möglichkeiten von Liftertechnologien ging der Hauptimpuls des Technikeinsatzes jedoch von der Fragestellung aus, wie mit der veränderten Bewohnersituation – also der deutlich gestiegenen Anzahl stark mobilitätseingeschränkter Personen im Pflegeheim – umgegangen werden sollte. Die Vermittlung zwischen den Anforderungen individueller Transferbedürfnisse der Bewohner/innen, den engen Zeitvorgaben der betrieblichen Arbeitsorganisation und den eigenen körperlichen Grenzen wuchs sich für die Belegschaft zunehmend zu einem Dilemma aus:

„Es gibt einfach Bewohner, die kann man körperlich nicht mehr herumheben." (Pflegekraft 2B)

„Früher waren die meisten einfach ‚Altenheimbewohner'. Die waren relativ mobil... Heute sind das Schwerkranke. Viele wären ans Bett gefesselt, weil wir körperlich nicht in der Lage sind, sie herauszutun. Und immer zu zweit reinzugehen, das würde auch nicht gehen." (Pflegekraft 3B)

Aus Perspektive der Leitung zeigte sich dieses Problem zusätzlich durch einen hohen Krankenstand aufgrund rückenassoziierter Beschwerden, da die häufigen manuellen Patiententransfers Spuren bei der Mitarbeitergesundheit hinterließen.

„Ich habe mein Kreuz zum Beispiel kaputt gemacht durch das viele Heben." (Leitungskraft 1B)

Ohne Perspektive auf einen entlastenden Personalaufwuchs, durch den die manuellen Hubarbeiten zumindest arbeitsteilig durchgeführt werden konnten, schildert eine Leitungskraft die damalige Situation als einen Teufelskreis. Dabei schienen sich die Personalausfälle und die Zunahme der Transferarbeit wechselseitig zu verstärken: Je mehr Pflegekräfte auf Station ausfielen, desto mehr Transfers mussten von den verbliebenen Kolleg/inn/en durchgeführt werden, die dadurch wiederum einer höheren Belastung ausgesetzt waren und in der Folge selbst häufiger arbeitsunfähig wurden.

Betriebliches Vorgehen bei der Technikeinführung

Vor diesem Hintergrund entstand in der untersuchten Einrichtung ein Anpassungsdruck, welcher die Option, nach technischen Lösungen für das sich zuspitzende Problem Ausschau zu halten, zunehmend plausibler machte. Wenngleich der Entscheidung zur Technikeinführung keine formale Mitarbeiterbeteiligung im engeren Sinne zugrunde lag (z.b. in Form einer Abstimmung) und die Implementation der Liftergeräte auf Initiative der Heimleitung erfolgte, beruhte sie doch auch auf Impulsen aus der Belegschaft, auf deren Belastungssituation zu reagieren. Über einen Handlungsbedarf bestand im vorliegenden Fall ein hierarchieübergreifender Konsens.

Da das SGB XI keine Finanzierung von Aufstehhilfen für stationäre Einrichtungen vorsieht, müssen Heime für die Kosten solcher Anschaffungen mit ihren Eigenmitteln selbst aufkommen.[9] Im Vorfeld der Technikeinführung wurde deswegen auf der Leitungsebene mit dem Trägervorstand über Möglichkeiten zur Investition verhandelt und eine entsprechende Einigung erzielt.

Die operative Technikeinführung verlief über eine verpflichtende betriebliche Mitarbeiterschulung durch die Herstellerfirma, an der das gesamte Pflegepersonal teilnahm. Im Wesentlichen bestand diese Einführung aus einer Demonstration der einzelnen Anwendungsschritte durch den Technikhersteller und angeleiteten Wiederholungsdurchgängen mit den Pflegekräften. Dabei wurde Wert darauf gelegt, dass alle Lehrgangsteilnehmer/innen selbst einmal die passive Rolle einnahmen und sich von der Maschine bewegen ließen, um die Perspektive der Bewohner/innen bei der Lifterarbeit besser nachvollziehen zu können. Die Einführungsveranstaltung wird rückblickend als wenig zeitintensiv beschrieben (insgesamt ein Arbeitstag), was mit der relativ einfachen Bedienbarkeit der fahrbaren Hebehilfen und dem damit verbundenen geringen Einarbeitungsaufwand zusammenhängt.

Mit Blick auf den technikbezogenen Wissenstransfer wurden über diesen Einführungslehrgang hinaus weitere betriebliche Vorkehrungen getroffen. So wurde die Weitergabe des technischen Know-hows durch die Schaffung personeller Zuständigkeiten organisational verankert und abgesichert. Die Verantwortlichkeit liegt hierbei beim Medizinproduktebeauftragten, der sowohl Anlaufstelle für alle technischen Fragen des Personals als auch Hauptansprechpartner für die Wissensweitergabe bei der Einarbeitung neuer Mitarbeiter ist. Die technische Einweisung neuer Mitarbeiter wird im Rahmen eines standardisierten Einarbeitungsprogrammes vorgenommen und mittels Checklisten kontrolliert. Kodifiziert liegt das Anwendungswissen in Form von Bedienungsanleitungen in jedem Wohnbereich vor, wobei die Wissensweitergabe in der Regel mündlich bzw. über praktische Einübung erfolgt.

Diese Vorgehensweise sollte eine nachhaltige Kompetenzbildung beim Pflegepersonal in der Handhabung der Technik sicherstellen, um den Einsatz der

---

9   Individuelle Rechtsansprüche auf Hebehilfen bestehen bei Vorliegen entsprechender Voraussetzungen lediglich in der häuslichen Versorgung. Im stationären Bereich sind Patientenlifter der „‚Sphäre' der vollstationären Pflege zuzurechnen" (LSG Thüringen 2013) und obliegen daher der Zuständigkeit des jeweiligen Heimträgers.

Aufstehhilfen zu einem einrichtungsweiten Standardprozess zu entwickeln und diesen in die bisherigen Arbeitsabläufe einzugliedern:

> „Jeder, der bei uns in der Pflege arbeitet, muss mit diesen Geräten umgehen, jeder muss den Lifter bedienen können." (Leitungskraft 1B)

Darüber hinaus hat die Einrichtungsleitung Regelungen zur Differenzierung des Geräteeinsatzes sowohl auf qualifikatorischer Ebene der Mitarbeiter/innen als auch bezogen auf die Bewohnerbedarfe getroffen. Nur qualifiziertes Pflegepersonal (Pflegefachkräfte) ist befugt, maschinengestützte Patiententransfers durchführen, Stationshelfern oder Betreuungskräften ist dies nicht gestattet. Um einen unreflektierten bzw. willkürlichen Technikeinsatz zu verhindern, wurde die jeweilige Entscheidung darüber, bei welchem Bewohner oder welcher Bewohnerin der Lifter benutzt wird, in die Stationsteams delegiert. Hier erwägen die Pflegekräfte gemeinsam mit der Wohnbereichs- bzw. Pflegedienstleitung, inwieweit der Liftereinsatz individuell sinnvoll und notwendig ist, und klären das Einverständnis der in Frage kommenden Bewohner/innen bzw. derer Angehörigen ab. Die Entscheidungen sind für alle Mitarbeiter/innen bindend, das heißt, dass die Geräteanwendung im Zweifelsfall von allen im Kollegenkreis mitgetragen und umgesetzt wird.

Im Licht der Interviews mit den Leitungskräften bzw. der Mitarbeiterebene scheint die damalige Einführungsphase insgesamt professionell und planvoll vollzogen worden zu sein. Hierbei kamen der Einrichtung vor allem die Lernerfahrungen im Zusammenhang mit (zum Teil auch gescheiterten) Technikanschaffungen der Vergangenheit zugute. Für den Erfolg bei der Einführung der Liftergeräte dürfte indes das Zusammenfallen von organisationalen Zielen mit den Anforderungen des Arbeitsalltags der Pflegekräfte auf Station ebenso eine Rolle gespielt haben wie technische Verbesserungen und der Wandel von fachprofessionellen Orientierungen, da hierdurch eine größere Offenheit und in der Folge eine breitere Akzeptanz in der Belegschaft für den Liftereinsatz gegeben war.

3.1.6   Erfahrungen mit dem Technikeinsatz

Im hier untersuchten Wohnbereich kommen die fahrbaren Personenlifter seit nunmehr knapp zehn Jahren zum Einsatz, wodurch sich ein entsprechend umfangreicher Erfahrungsschatz im Umgang mit der Technik herausgebildet hat. Im Folgenden werden die wichtigsten Erfahrungen der Leitungs- und Pflegekräfte mit den Aufstehhilfen wiedergegeben. Dabei steht die Fragestellung im Vordergrund, wie die Technik in den Arbeitsalltag aufgenommen wurde, welche betrieblichen Voraussetzungen dazu geschaffen werden mussten, aber auch welche Folgen der Geräteeinsatz für die Arbeitsorganisation und die Pflegearbeit hatte. Damit sind zugleich Fragen der Technikakzeptanz, der Anwendungshäufigkeit und Adaptierbarkeit sowie zur Erreichung der mit dem Technikeinsatz verbundenen Ziele angesprochen.

Technisch-organisatorische und betriebliche Bedingungen

Eine grundlegende betriebliche Voraussetzung für den Einsatz von Liftergeräten ist die finanzielle Leistungsfähigkeit der Einrichtung bzw. des Heimträgers. Da das SGB XI keinen Rechtsanspruch auf entsprechende Mittel für den stationären Bereich formuliert hat, müssen Seniorenheime das Investitionskapital für Hebehilfen selbst aufbringen. Für kleinere Einrichtungen ohne zahlungskräftigen Träger kann dies mitunter schwierig werden. Eine der befragten Leitungskräfte der Untersuchungseinrichtung hält die Investition zwar für lohnenswert, den Preis jedoch für ein Manko.

> „Vom Preis her finde ich es ein bisschen unverschämt." (Leitungskraft 1B)

Die Altenpflege sei ein strukturell unterfinanzierter Sektor, der es den Betreibern von stationären Einrichtungen kaum erlaube, Gewinne zu erwirtschaften, insbesondere dann nicht, wenn zum einen an Qualitätsstandards festgehalten und nicht weiter am Personal eingespart werde, zum anderen die Pflegebedürftigen wirtschaftlich nicht noch stärker belastet werden sollen. Vor dem Hintergrund der eingeschränkten Möglichkeiten, Anschaffungskosten für technische Geräte über eine Erhöhung der Investitionskostenpauschale auf die Bewohner/innen umzulegen sowie des generellen Verbotes der Quersubventionierung bliebe den Einrichtungen oftmals nur der Rückgriff auf die Rücklagen bzw. auf das Trägervermögen. In diesem Fall spielt dann der Einrichtungsträger eine entscheidende Rolle als Bewilligungsinstanz der erforderlichen zusätzlichen Finanzmittel.

Weitere betriebliche Voraussetzungen sind vor allem architektonischer Natur. So erfordert die Anwendung von Aufstehhilfen gewisse Mindestgrößen bei den Bewohnerzimmern, den sanitären Anlagen und anderen Stationsräumlichkeiten.

Entscheidend für den Anwendungserfolg ist nicht nur die Akzeptanz der Aufstehhilfen bei den Mitarbeiter/inne/n, sondern gleichermaßen bei den Bewohner/inne/n. Aus Sicht der befragten Leitungs- und Fachkräfte hängt die Bereitschaft der Pflegebedürftigen, dem Liftereinsatz zuzustimmen, maßgeblich vom Vertrauensverhältnis zwischen dem Personal und der Bewohnerschaft ab. Dieses sei zwar auch eine Frage der individuellen Sozialkompetenzen, vor allem aber auch abhängig von betrieblichen Faktoren wie der Fluktuation bzw. der Konstanz in der Belegschaft, der Organisationskultur und dem Betriebsklima.

Mit Blick auf die Adaptierbarkeit von Aufstehhilfen zeigen sich für den Anwender vergleichsweise wenige Konfigurationsmöglichkeiten. Während z.B.

einige EDV-gestützte Dokumentationssysteme es dem Nutzer erlauben, einzelne Systemparameter selbständig zu verändern, Presets vorzunehmen und somit eine situative Passung an unterschiedliche Funktionserfordernisse herzustellen, sind Personenlifter in ihrer Grundfunktion fixiert. Die begrenzte Adaptivität erklärt sich vor allem aus dem Umstand heraus, dass die mechanische Hubarbeit, die die Lifter verrichten, als solche nicht weiter reduzierbar ist. Ihre Systemanforderungen sind daher deutlich weniger komplex als bei den anderen in dieser Studie betrachteten Technologieanwendungen. Angepasst werden können lediglich die Fuß- und Schienbeinstützflächen, das Tragegeschirr sowie die Höhe der Haltegriffe für die zu bewegende Person. Die Hubgeschwindigkeit ist voreingestellt und unveränderbar. Durch die Fernsteuerung entsteht etwas Variabilität, da die Anwendungsperson bei der Lifterarbeit nicht an einer festen Position verharren muss. Hierdurch kann die Pflegekraft die Distanz zu der zu pflegenden Person situationsbezogen verändern, um ihr beispielsweise beim Handling zu assistieren, beruhigend auf sie einzuwirken oder Körperkontakt herzustellen.

Das verhältnismäßig simple Funktionsprinzip der Aufstehhilfen spiegelt sich auch in ihrer Bedienbarkeit wider, welche von den Fachkräften durchweg als wenig voraussetzungsvoll beschrieben wird. Hinzu kommen der unmittelbare Handlungserfolg und der konkrete Nutzen, der sich bei der Lifterarbeit sofort einstellt. Während z.B. bei der softwaregestützten Abwicklung von administrativen Prozessen der Nutzen für viele Pflegekräfte deutlich abstrakter sein dürfte, lösen die Hebehilfen ein augenfälliges, praktisches Problem. All diese Punkte dürften sich positiv sowohl auf die Technikakzeptanz bei den Mitarbeiter/inne/n als auch auf die Nutzungsintensität ausgewirkt haben.

Breite Akzeptanz und große Nutzungshäufigkeit

Aus Sicht der Leitungskräfte und des Pflegepersonals ist die Nutzung der Aufstehhilfen in den Arbeitsalltag der Untersuchungseinrichtung weitestgehend integriert. Im Zuge der Einführungsphase nach der Geräteanschaffung vor etwa zehn Jahren gab es zwar anfängliche Akzeptanz- bzw. Eingewöhnungsschwierigkeiten bei einigen Mitarbeiter/inne/n. Dies wird vor dem Hintergrund erklärt, dass man sich erst einmal entgegen der jahrelang praktizierten Handlungsroutinen beim manuellen Transfer an die neuen Abläufe und Verfahrensschritte der Lifterarbeit gewöhnen musste. Mittlerweile ist der Technikeinsatz jedoch selbst zur Gewohnheit und zum integralen Bestandteil der Pflegearbeit geworden.

> „Die elektrischen Aufstehhilfen, das gehört heute wie der Waschlappen oder das Anziehen einfach dazu." (Pflegekraft 2B)

> „Wir haben uns am Anfang schon ein bisschen damit geziert. Aber mittlerweile wissen wir, dass es wirklich gut ist, dass man sich nicht so plagt." (Leitungskraft 2B)

Der Lifter kommt derzeit nach übereinstimmenden Angaben bei neun von insgesamt 20 im untersuchten Wohnbereich lebenden älteren Menschen zum Einsatz; einrichtungsweit nach Auskunft der Leitungskräfte bei jeder zweiten bis dritten Person. Die übrigen Bewohner/innen können entweder völlig selbständig aufstehen oder in einem ausreichenden Maße die Handgriffe der Pflegekräfte unterstützen, dass diese nicht das volle Körpergewicht heben müssen. Die befragten Pflegekräfte geben an, das Gerät 15 bis 20 Mal pro Schicht in Gebrauch zu nehmen.

Entlastungseffekte und Autonomiegewinne im Arbeitshandeln

Ein wesentlicher und unmittelbar durchgreifender Entlastungseffekt der Aufstehhilfen liegt für die älteren Mitarbeiter/innen im Rückgang der körperlichen Beanspruchung durch Hebe- und Tragetätigkeiten und mit ihnen assoziierter Beschwerden. Die befragten jüngeren Kräfte geben zwar an, unter den körperlichen Aspekten ihrer Arbeit bislang noch nicht gelitten zu haben, halten den präventiven Faktor des Geräteeinsatzes aber mit Blick auf den Erhalt ihrer Gesundheit für wertvoll.[10] Bezogen auf das mit dem Technikeinsatz verbundene Primärziel der mitarbeiterbezogenen Gesundheitsförderung wird die hohe Anwendungshäufigkeit der Aufstehhilfen auch vonseiten der Einrichtungsleitung als Erfolg betrachtet. In diesem Zusammenhang berichten die Leitungskräfte von einer Verringerung der rückenassoziierten Fehlzeiten seit der Technikeinführung.[11]

„Es ist gegenüber früher besser geworden, weil konkret zu Rückenschmerzen haben wir heute weniger Krankmeldungen. Es gibt schon viele Krankschreibungen, aber nicht mehr speziell wegen dem Rücken." (Leitungskraft 1B)

---

10 Die Leitungskräfte rekurrieren an dieser Stelle auf die Bedeutung des Gesundheitsbewusstseins beim Personal. Dieses gelte es im Zusammenhang der erweiterten beruflichen Sozialisation innerhalb der Einrichtungen zu fördern. Aus diesem Grund werde neuen Mitarbeiter/innen in der Falleinrichtung die Anweisung zur Lifternutzung grundsätzlich auch mit Argumenten der Prävention und Gesundheitsförderung nahegebracht.

11 An dieser Stelle ist es nicht möglich, die Entlastungeffekte exakt zu bestimmen, da man aus der Anzahl der einzelnen Gerätenutzungen nicht unmittelbar auf das abgewendete Belastungspotenzial schließen kann, welches durch manuelle Transfers zustande gekommen wäre – zumal auch bei der Nutzung der Aufstehhilfen eine körperliche Belastung entsteht, wenn die zu pflegende Person manuell aus dem Liegen in die Sitzposition gebracht werden muss. Zum einen ist davon auszugehen, dass durch Arbeitsteilung zumindest einige der Patiententransfers auch ohne Techniknutzung ergonomisch und gesundheitsdienlich durchgeführt werden könnten, indem z.B. mehrere Pflegekräfte gemeinsam Hand anlegen. Zum anderen, berichten die Interviewpartner/innen, würden vor dem Hintergrund der begrenzten zeitlichen und personellen Ressourcen ohne die Lifter insgesamt schlichtweg weniger Transfers durchgeführt werden, weil – wie weiter oben bereits dargelegt – nicht immer mehrere Fachkräfte verfügbar sind und manche Bewohner/innen nicht alleine bewegt werden können.

Der Entlastungsaspekt bei der Lifterarbeit findet zum Teil auch seitens der Bewohner/innen und der Angehörigen Anerkennung.

„Selbst von den Bewohnern kommen heute so Sätze wie: ‚Gut, dass ihr sowas habt!' oder: ‚Das ist das beste Pferd im Stall!'" (Pflegekraft 5B)

„Die Bewohner wissen, dass die Mitarbeiter entlastet sind." (Leitungskraft 1B)

Die Anwendungshäufigkeit kann gleichermaßen als Indikator für ein weiteres Ziel gesehen werden, das mit dem Technikeinsatz verbunden wurde: Die Sicherung der Pflegequalität bzw. den Erhalt der Lebensqualität der Pflegebedürftigen.

„Die Bewohner haben dadurch viel mehr Lebensqualität, weil durch die Technik viel mehr Transfers möglich sind." (Pflegekraft 2B)

Betrachtet man die unterschiedlichen Anlässe, die zu den 15 bis 20 Lifternutzungen am Tag pro Fachkraft führen, so zeigen die Interviewgespräche, dass die häufigsten Anwendungszusammenhänge die Toilettenbegleitung und die Mobilisierung zu Gemeinschaftsaktivitäten sind. Die Ermöglichung von selbständigen Toilettengängen und der damit verbundene teilweise Verzicht auf Inkontinenzeinlagen sind für die befragten Pfleger/innen gleichermaßen ein Gebot der Fachlichkeit wie der Menschenwürde. Gleiches gilt für die durch den Technikeinsatz gewonnenen zusätzlichen Optionen, den mobilitätseingeschränkten Bewohner/inne/n zu mehr sozialer Teilhabe zu verhelfen.

„Man kann durch die Hebehilfen die Patienten auch häufiger zusammenschieben, dann sind sie mehr in Gemeinschaft." (Pflegekraft 4B)

Diese Veränderungen werden sowohl von der Leitung als auch vom übrigen befragten Personal als Verbesserung der Situation gegenüber dem früheren Arbeitsalltag gewertet.

Neben den oben genannten körperlichen Effekten wirkt sich der Liftereinsatz für einige Pflegekräfte auch auf der mentalen Ebene entlastend aus. Thematisiert wird in diesem Zusammenhang die Erfahrung eines gestiegenen Sicherheitsgefühls beim Personentransfer. Das Sturzrisiko beim manuellen Transfer vom Sitzen in den Stand bzw. beim gestützten Gang vom Bett zur Toilette und zurück wurde teilweise als hoher Stressfaktor erlebt. Dabei konnte sich die Unsicherheit der Fachkraft auch auf die zu pflegende Person übertragen, und diese wechselseitige Unsicherheit machte Transfersituationen mitunter noch prekärer. Mit wachsendem Vertrauen in die Stabilität der Aufstehhilfen sei dieses Problem in den Hintergrund getreten, und auch die Bewohner/innen hätten ein gutes Sicherheitsgefühl während des Liftereinsatzes.

„Und sie fühlen sich sicher in der Aufstehhilfe. Sie wissen, dass sie nicht hinfallen können." (Leitungskraft 2B)

Ein weiterer Entlastungseffekt wird in der Möglichkeit zur Distanzregulation gesehen, die bei der Arbeit mit den Hebehilfen gegeben ist. Während der Lifterprozedur kann die Fachkraft durchgehend Körperkontakt mit der zu pflegenden Person halten; anders als beim konventionellen Patiententransfer muss sie dies aber nicht. In einigen Fällen, beispielsweise bei distanzgeminderten, aggressiven oder solchen Bewohner/inne/n, denen körperliche Nähe unangenehm ist, kann das Hebesystem somit einen willkommenen räumlich-körperlichen Abstand schaffen.

Jenseits der körperlichen und stressbezogenen Entlastung sehen die Fachkräfte den Haupteffekt des Technikeinsatzes in einem Autonomiegewinn bei ihrer täglichen Arbeit. Dadurch, dass es mithilfe der Lifter nicht mehr notwendig ist, kompliziertere Personentransfers gemeinsam mit anderen Pflegekräften abzusprechen, zu koordinieren und durchzuführen, können die einzelnen Mitarbeiter/inne/n ihr Arbeitspensum selbständiger planen und nach eigener Taktung bewältigen.

„Früher habe ich eine zweite Person mitgenommen, jetzt nehme ich meine Technik mit." (Pflegekraft 5B)

Im voranstehenden Interviewzitat deutet sich bereits die Kehrseite an, welche mit der autonomeren Arbeitsweise, die der Einsatz von Aufstehhilfen ermöglicht, einhergeht: Die Technikanwendung bleibt nicht folgenlos für das soziale Handlungsgefüge im Betrieb. Der anschließende Abschnitt nimmt diesen Umstand im Zusammenhang mit negativen Entwicklungspotenzialen in den Fokus.

Kommunikationsrückgang und Isolierungstendenzen als Kehrseite der Autonomie

Wenn technische Geräte die Anwesenheit mehrerer Fachkräfte zur Ausführung einer bestimmten Tätigkeit überflüssig machen und zugleich die personellen Ressourcen knapp sind, dann kommt es sehr wahrscheinlich zu einer Neubewertung und Veränderung der Aufgabenzuschnitte, die diese Tätigkeit betreffen. Im Falle des Patiententransfers war es in der Falleinrichtung lange Jahre betriebliche Praxis, sich kollegiale Unterstützung zu suchen, wenn man diese benötigte, um beispielsweise einen korpulenten Menschen aus dem Bett zu transferieren. Es gehörte zur Normalität der Einrichtung, mehrmals am Tag zu zweit oder zu dritt in einzelne Bewohnerzimmer hineinzugehen. Diese besondere soziale Situation hatte aus Sicht sowohl der befragten Leitungskräfte als auch des Pflegepersonals einen spezifischen Eigenwert auf unterschiedlichen Ebenen. So konnte man sich u.a. gemeinsam ein fachliches Bild vom Zustand einzelner Bewohner/innen machen, sich gegenseitig im Umgang mit den zu Pflegenden beobachten und dadurch voneinander lernen usw. Mit Blick auf manche Bewohner/innen, die insgesamt wenig oder gar keinen sonstigen Besuch empfingen, stellten diese Kontakte mitunter die einzigen Beziehungssituationen dar, in denen sie der ungeteilten Aufmerksamkeit mehrerer Menschen zugleich gewahr sein konnten. Die besondere Qualität solcher Situationen stellte aus Sicht der Befragten eine wichtige Ressource nicht nur für die Pflegekräfte, sondern auch für die Pflegebedürftigen dar. Durch die Aufstehhilfen sind diese Situationen jedoch zur Ausnahme geworden. Insgesamt kam es zu einer Reduktion des kollegialen Austausches, sowohl auf der fachlich-bewohnerbezogenen, als auch auf der informellen Ebene. Die Pflegekräfte arbeiteten heute zumeist für sich und nach eigener Taktung. Die gewachsene Selbständigkeit sei zum einen positiv, zum anderen führe sie aber auch ein stückweit zu Isolation. So habe der Kontakt unter den Kolleg/inn/en abgenommen, was von einigen der befragten Pflegekräfte gegenüber der Vergangenheit als Verlust empfunden wird.

> „Es war eine schönere Zeit, man hatte mehr Kontakt mit den Kollegen." (Pflegekraft 2B)

Mit Blick auf die betriebliche Sozialintegration habe sich einerseits durch die qualifikatorische Differenzierung beim Liftereinsatz der Statusunterschied zwischen Pflegefachkräften und Hilfskräften weiter vergrößert, was eine hierarchische Segmentierung fördere. Andererseits habe der Wohnbereich als gemeinsame Arbeitswelt an Bindekraft verloren, da jede Fachkraft hauptsächlich ihr Arbeitspensum bzw. „ihren" festen Bewohnerstamm fokussiere und nicht mehr so sehr die gesamte Station.

> „Jeder arbeitet nur noch auf seiner Seite. Man hat früher mehr zusammen gearbeitet." (Pflegekraft 3B)

Die „Schattenseite" der neugewonnenen Autonomie im Arbeitshandeln durch den Einsatz der Aufstehhilfen ist, dass die Pflegekräfte nunmehr nicht nur alleine arbeiten können, sondern vermehrt auch alleine arbeiten müssen. Diese in den Interviewgesprächen teilweise sehr plastisch beschriebenen Isolierungstendenzen berühren in unterschiedlichem Ausmaß das gesamte betriebliche Sozialgefüge, indem sie die kollegiale Kommunikation reduzieren, hierarchische Asymmetrien zwischen Hilfs- und Fachkräften verstärken sowie auf den sozialen Austausch zwischen Personal und Bewohnerschaft zurückwirken.

Kompensierung einer gestrafften Arbeitsorganisation

Der Liftereinsatz blieb auch mit Blick auf die Organisation der Pflegearbeit nicht ohne Folgen. Wie an weiter oben bereits angesprochen, ermöglichen Aufstehhilfen auch dort Patiententransfers mit einfachem Personaleinsatz, wo ohne technische Unterstützung mitunter mehrere Fachkräfte vonnöten wären. Dieser Umstand ging – zunächst einmal unabhängig von der Fragestellung nach Zeiteinsparungspotenzialen – mit Veränderungen in der Personaleinsatzplanung der untersuchten Einrichtung einher. Waren vor der Einführung der Liftergeräte vor knapp zehn Jahren noch fünf bis sechs Fachkräfte pro Tagesschicht im Wohnbereich eingeteilt, so sind es jetzt nur noch zwei, unterstützt von einer Stationshelferin sowie einer Springerkraft, die als zusätzliche examinierte Altenpflegerin bedarfsweise zwischen den Wohnbereichen rotiert. Veränderungen ergaben sich auch bei der Nachtschicht, für die vormals immer zwei Personen verplant werden mussten, um im Zweifelsfall auf nächtliche Stürze von einzelnen Bewohner/inne/n reagieren zu können. Da solche Fälle nach Aussage der Leitungskräfte mithilfe der Lifter nun von einer Pflegekraft alleine bearbeitet werden könnten, werde die Nachschicht heute auch nur noch mit einer Person besetzt.

An diesem Punkt sei darauf hingewiesen, dass die Personaleinsparungen aus Sicht der Befragten keineswegs unmittelbare Rationalisierungsfolgen des Liftereinsatzes sind – wenngleich den Geräten vonseiten der Leitungskräfte durchaus Rationalisierungseffekte zugesprochen werden.[12] Vielmehr ist die Anschaffung der Aufstehhilfen das Resultat eines betrieblichen Anpassungsdrucks, der u.a. mit einem Personalrückgang einherging und sich im Zusammenhang mit den gestiegenen Arbeitsanforderungen durch höhere Pflegebedarfe potenzierte. Der Technikeinsatz hat daher vor allem einen kompensatorischen Charakter und wird nicht als eine qualitative Bereicherung im Sinne der Prozessoptimierung angesehen. Aus Sicht der befragten Pflegekräfte handele es sich dabei vielmehr um eine Notlösung vor dem Hintergrund einer eklatanten personell-zeitlichen Mangelsituation, an deren Ursache sich bis dato nichts geändert habe und deren Auswirkungen mithilfe der Technik lediglich abgemildert würden. Keine der Technikfunktionen könnte nicht ebenso gut (bzw. besser) vom Personal übernommen werden, wenn von diesem nur genug vorhanden wäre. In diesem Verständnis liegt der Vorteil der Technik schlichtweg darin, dass der Betrieb trotz

---

12 Zwar lässt sich das exakte Rationalisierungspotenzial der Lifter nicht quantifizieren. Jedoch können zentrale Mechanismen rekonstruiert werden, die in diesem Zusammenhang eine Rolle spielen. Das Deutungsangebot einer Leitungskraft greift diesbezüglich den unterschiedlichen Zeitverbrauch von manuellen und lifterbasierten Patiententransfers auf und wägt dabei individuelle und kollektive Zeitersparnisse gegeneinander ab. Die mit dem Technikeinsatz verbundene Prozedur (Heranfahren des Lifters, Anbringen der Haltevorrichtungen, Anheben, Entfernen der Haltevorrichtung, Wegfahren des Lifters etc.) mag demnach in der jeweiligen Situation für die einzelne Fachkraft zunächst mit größerem Zeitaufwand verbunden sein, „als selber hinzulangen oder mal schnell einen Kollegen zu holen" (Leitungskraft 1B). Der Zeitverbrauch für das Absprechen gemeinsamer manueller Patiententransfers, unproduktive Wartezeiten bei Verzögerungen, vor allem aber die doppelte Personalbindung sowie Friktionen im Arbeitsprozess der herbeigerufenen Kollegen führten letztlich zu einem höheren kollektiven Zeitaufwand, der durch die individuelle Zeitersparnis nicht aufgewogen werde.

des geringen Personalstandes und der gestiegenen Anforderungen funktionsfähig geblieben ist und nach wie vor Qualitätsstandards einhalten kann.

Vor diesem Hintergrund überrascht es auch nicht, dass weder die Fachnoch die Leitungskräfte „echte" Zeitgewinne durch die Technikanwendung identifizieren können, die etwa anderen Tätigkeiten zugutekämen oder sich in einer Ausdehnung der individuellen Betreuungszeiten ausdrückten.

> „Naja, wir haben ja weniger Personal als früher. Und wir sparen [zeitlich] nichts ein, weil der Pflegeaufwand der Bewohner viel höher geworden ist." (Pflegekraft 2B)

> „Das Hauptproblem ist ja, dass, im Gegensatz zu vor zehn Jahren der Aufwand an Pflege wesentlich höher ist, weil die Bewohner wesentlich älter, gebrechlicher und kränker sind. Das ist ein hoher Zeitfaktor. Dadurch relativiert sich die Zeitersparnis wieder." (Pflegekraft 1B)

Insofern erfüllen die Aufstehhilfen mit Blick auf die Arbeitsorganisation in erster Linie eine kompensatorische Funktion im Zusammenhang mit gestiegenen Effizienzanforderungen an den Arbeitsprozess vor und rückläufiger Personalkapazitäten.

Technikvermittlung als neue Arbeitsanforderung

Neben den bisher referierten mehr oder weniger positiven Effekten auf die Arbeitsorganisation und das Arbeitshandeln der Pflegekräfte entstehen im Zusammenhang mit dem Technikeinsatz auch einige neue Arbeitsanforderungen, die in der unmittelbaren Pflegeinteraktion mit den Bewohner/inne/n bzw. im Umgang mit deren Angehörigen umgesetzt werden müssen.

Auf den ersten Blick mag es zunächst paradox erscheinen, dass die wichtigsten personalen Voraussetzungen für den Einsatz der Aufstehhilfen gar nicht im Bereich der Technikkompetenzen gelagert sind, sondern vielmehr bei den Sozialkompetenzen der Mitarbeiter/innen. Bei näherer Hinsicht und insbesondere im Vergleich mit anderen pflegerelevanten Technologien wird jedoch deutlich, dass die reine Technikbedienung das Personal der Falleinrichtung vor keine nennenswerten Herausforderungen stellt. Weder in der Implementationsphase noch bei der Einarbeitung neuer Mitarbeiter/innen spielten technikbezogene Anwendungshürden oder mitarbeiterbezogene „Technikängste" eine vergleichbare Rolle, wie sie etwa bei der Einführung komplizierterer Software-Anwendungen erwartet werden können. Sind bei EDV-gestützten Dokumentationssystemen zumindest einfache Computerkenntnisse gefordert, für die Bedienung lebenserhaltender Apparate mitunter grundständige Fachweiterbildungen, genügen bei den Aufstehhilfen kurze Einweisungen und praktische Übungen.

Die größte Herausforderung bei der Nutzung von Liftern besteht für die Pflegekräfte vielmehr im Umgang mit den „menschlichen Faktoren". Hervorzuheben ist an dieser Stelle die Rollenerweiterung für die Fachkräfte als „Technikvermittler" gegenüber Pflegebedürftigen und Angehörigen. Im Gegensatz zu anderen technischen Hilfsmitteln, die beispielsweise die administrativen Bereiche der Pflege betreffen, findet die Anwendung von Aufstehhilfen nicht im *back office* statt, sondern sie greift unmittelbar und sichtbar in den Kernprozess der Einrichtung ein – in die Pflege als solche. Der Technikeinsatz berührt die Bewohner/innen im wahrsten Sinne des Wortes und ist daher in einem besonderen Maße vermittlungsbedürftig. Die sich hieraus ergebenden Aufgaben fallen den Pflegekräften zu und stellen einen qualitativ neuen, grundständigen Aspekt in ihrer Arbeit dar.

Zum einen geht es darum, die Lifteranwendung in der Kommunikation mit den Pflegebedürftigen und den Angehörigen grundsätzlich zu erklären, denn das Pflegepersonal kann die Technik nicht einfach im guten Glauben an die Akzeptanz der vom Einsatz Betroffenen nutzen. Diese Akzeptanz gilt es vielmehr über die Auseinandersetzung mit den jeweiligen Einwänden, die Erläuterung der Einsatzgründe und eine entsprechende Vorteilsübersetzung diskursiv herzustellen. Kommt keine Einwilligung zustande, muss dies akzeptiert und somit auf die Verwendung der Aufstehhilfe verzichtet werden. Letzteres ist in der Untersuchungseinrichtung bislang noch nicht im Zusammenhang mit einer Verweigerung durch Angehörige geschehen, wohl aber auf Wunsch der Pflegebedürftigen selbst.

Zum anderen – und hierin liegt wohl die größte Aufgabe – muss der Technikeinsatz von den Fachkräften in die Pflegeinteraktion integriert werden. Die eigentliche Herausforderung bei der Nutzung von Aufstehhilfen besteht für die Altenpfleger/innen weniger in der Technikbedienung als vielmehr im Umgang mit den Reaktionen und den Gefühlen ihres Gegenübers[13] sowie in der Aufrechterhaltung der Interaktionsbeziehung während der Lifterprozedur. Im Arbeitsalltag gilt es deswegen, den Pflegebedürftigen die Aufstehhilfe und das zugehörige Procedere im Zweifelsfall immer wieder zu erklären und die Legitimation des Technikeinsatzes somit jedes Mal aufs Neue partizipativ herzustellen. Daneben sollte die Lifterarbeit keinesfalls in einen mechanistischen Ablauf übergehen, dem sich die Beteiligten zu beugen haben und der gewissermaßen aus der zwischenmenschlichen Interaktion herausgelöst ist. Von daher gilt es einer Fragmentierung der Interaktionsarbeit durch die Technikbedienung vorzubeugen und die Kommunikationsbeziehung möglichst frei von „technischen Störungen" zu halten. Auf diese Weise kann die Gefahr einer „Objektivierung" der Pflegebe-

---

13 Zum Aspekt der Gefühlsarbeit in der Pflege vgl. Giesenbauer/Glaser (2006).

dürftigen – also deren Behandlung als passiven Arbeitsgegenstand – durch Mensch und Technik möglichst gering gehalten werden.

In dieser Form stellt die Technikvermittlung also eine funktionale Erweiterung des Pflegehandelns dar: Die Pflegekräfte müssen die personalen Voraussetzungen dafür schaffen, dass die Aufstehhilfen komplementär zur Pflegeinteraktion zum Einsatz kommen können, und diese nicht unterminiert oder gar ersetzt wird. Dieser Vermittlungsprozess gestaltet sich als voraussetzungsvolle Integrationsleistung, da die Technikbedienung und die Pflegeinteraktion zeitlich und räumlich ineinandergreifen und gleichzeitig ablaufen müssen.

3.1.7 Resümee

In der untersuchten Pflegeeinrichtung sind Hebe- und Tragesysteme seit etwa zehn Jahren etablierte Arbeitsmittel, von denen regelmäßig Gebrauch gemacht wird und die eine breite Akzeptanz beim Personal gefunden haben. Die gelungene Technikintegration resultiert dabei aus verschiedenen Gründen. So war zum einen die Einrichtungsleitung darin erfolgreich, einen gesteuerten Implementationsweg vorzugeben und ein geregeltes betriebliches Wissensmanagement zu installieren. Zum anderen dürfte auch die Beschaffenheit der neueren Generation von Liftergeräten bei der Etablierung der Technik eine Rolle gespielt haben, da im Zuge einer verbesserten Produktqualität frühere Anwendungshürden (Manövrierfähigkeit, Gerätelautstärke und -größe) weiter abgebaut, die Hebe- und Tragehilfen somit stärker an die Praxisanforderungen angepasst wurden.

Darüber hinaus ließe sich das mit dem Liftereinsatz verbundene strategische Einrichtungsziel der betrieblichen Gesundheitsförderung weitgehend einlösen und dabei mit einem unmittelbaren Anwendungsnutzen für die Pflegekräfte verbinden, indem diese nun auch alleine (und somit häufiger) Patiententransfers durchführen konnten. Letzteres wurde von den Befragten vor allem mit Blick auf die Lebensqualität der Bewohner/innen positiv gewertet, aber auch als Autonomiegewinn im individuellen Arbeitshandeln betrachtet.

Ungeachtet dieser positiven Nutzungsaspekte zeigen die Erfahrungen der Pflegeeinrichtung gleichwohl, dass der Einsatz der Aufstehhilfen einige nicht unkritische Nebeneffekte mit sich bringt. Auch wenn Lifter im Vergleich mit anderen in der Pflege genutzten Technologien verhältnismäßig einfach funktionieren, nahmen sie im untersuchten Fall erheblichen Einfluss auf die Arbeitsorganisation und die Pflegeprozesse. So lässt sich der Technikeinsatz als betrieblicher Kompensationsversuch einer personell-zeitlichen Mangelsituation begreifen. Da lifterbasierte Patiententransfers allein von einer Pflegekraft durchführbar sind, konnten notwendige Änderungen bei der Personaleinsatzplanung umgesetzt werden, ohne dass insgesamt weniger Transfers stattfinden mussten. In der

Folge wurde beispielsweise die Nachtschicht nur noch mit einer Pflegefachkraft besetzt.

Der konsequente Technikeinsatz führte nicht nur dazu, dass die Pflegekräfte überwiegend alleine arbeiten konnten, sondern vermehrt auch alleine arbeiten mussten, was in unterschiedlichem Ausmaß das betriebliche Sozialgefüge berührte. So weisen die empirischen Befunde auf einen Rückgang der kollegialen Kommunikation, eine tendenzielle Verstärkung der hierarchischen Asymmetrie zwischen Hilfs- und Fachkräften sowie auf ungünstige Veränderungen im sozialen Austausch zwischen Personal und Bewohnerschaft im untersuchten Wohnbereich hin.

Bezogen auf die Arbeitsprozesse hat die Technologiefallstudie gezeigt, wie stark der Liftereinsatz in die Pflegeinteraktion eingreift und welche neuen Arbeitsanforderungen sich hieraus für die Fachkräfte ergeben. Letztere erfahren in der Anwendung der Aufstehhilfen eine Erweiterung ihrer professionellen Rolle: Als „Technikvermittler" liegt es an ihnen, die Legitimation des Geräteeinsatzes im unmittelbaren Kontakt mit den Pflegebedürftigen auszuhandeln, auf der emotionalen Ebene Vertrauen in die sichere Anwendung des Lifters aufzubauen und zugleich Technikbedienung und Pflegeinteraktion miteinander in Einklang zu bringen.

3.2   EDV-gestützte Dokumentation und Pflegeprozessplanung

3.2.1   Hintergrund

Die Dokumentation der Pflegeaktivitäten gilt als Kennzeichen einer professionellen, also einer planvollen, menschenzentrierten und nach dem aktuellen (pflegewissenschaftlichen) Erkenntnisstand durchgeführten Pflege. Sie ist in der Kranken- und Altenpflege, aber auch in anderen Feldern sozialer Dienstleistungsarbeit eine wichtige, zum Teil gesetzlich definierte Anforderung. Vor allem durch die zunehmenden Qualitätsanforderungen im Gesundheitswesen sowie zur Leistungserfassung und Absicherung von Haftungsrisiken hat die Dokumentation an Relevanz gewonnen (Zieme 2010).

Über Jahrzehnte hinweg wurde diese Dokumentation mit einem erheblichen Arbeitsaufwand in Form einer „händischen" Aufschreibung auf papierene Bögen oder Kladden geleistet. Die Informationen und Daten wurden auf unterschiedlichen und spezialisierten Informationsträgern wie Übergabebüchern (Informationen zwischen den Schichtdiensttätigen), Visitenbüchern mit ärztlichen Anordnungen, Medikamentenbüchern, Bettenbeziehbüchern oder Reparaturbedarfsbüchern erfasst, welche an bestimmten funktionalen Orten wie z. B. im Pflegearbeitsraum, in der Küche oder am Bett hinterlegt wurden (Sowinski et al. 2015).

Mit der Einführung systematischer Pflegemodelle und Prozessbeschreibungen der Pflegehandlungen ist die Komplexität der erforderlichen Datenerfassung allerdings erheblich gewachsen. Die Konzipierung der Pflege als ein systematisch durchzuführender Gesamtprozess stützt die verschiedensten Pflegemodelle und besteht im Wesentlichen aus folgenden aufeinander aufbauenden Schritten (Rutenkröger et al. 2004):

a) Potenzialerkennung und Pflegediagnostik,
b) Planung,
c) Durchführung der Pflegeinterventionen,
d) Auswertung (Evaluation),
e) Dokumentation,
f) Supervision der am Pflegeprozess Beteiligten.

Ein so angelegter Prozess hat zur Voraussetzung, dass für die einzelne pflegebedürftige Person jeder einzelne Teilschritt systematisch und in einer einheitlichen Form dokumentiert wird. Nur auf dieser Basis ist für die am Pflegeprozess beteiligten Fachkräfte[14] eine Evaluation der bisher erfolgten Pflegehandlungen und eine planvolle und reflektierte Anpassung von Pflegezielen und Pflegeinterventionen möglich.

Parallel zur stärkeren Orientierung der Pflege am Prozessmodell gingen auch die Prüfbehörden dazu über, die Anforderungen an eine angemessene Pflegedokumentation stärker auszudetaillieren. So forderte der Medizinische Dienst der Krankenkassen (MDK) bereits Anfang der 2000er Jahre als Mindestausstattung ein Stammblatt, eine Pflegeanamnese, biografische Angaben und Informationen zu Problemen und Fähigkeiten des Gepflegten, Angaben zu Zielen und geplanten Maßnahmen sowie zur Evaluation der Ergebnisse. Ergänzend wurden Durchführungsnachweise, ein Vitalwerte-Blatt, ein ärztlicher Verordnungsbogen, ein Pflegebericht, ein Lagerungsplan, ein Trink- oder Bilanzierungsplan und ein Überleitungsbogen verlangt (Keitel 2002). Die lückenlose Abbildung des Pflegeprozesses wird von den Prüfbehörden besonders nachgehalten. Die Dokumentation bildet zudem eine wichtige Grundlage für die Qualitätsprüfungen der Einrichtungen und Dienste nach dem Pflege-Weiterentwicklungsgesetz, deren Ergebnisse durch den MDK veröffentlicht werden.[15]

---

14 Die Pflegeplanung und -evaluation darf ausschließlich von examinierten Fachkräften wahrgenommen werden.
15 Der Dokumentationsaufwand ist in den vergangenen Jahren zunehmend kritisiert worden. Unter dem Schlagwort der „Entbürokratisierung" wurden in jüngster Zeit Pläne vorgelegt, diesen Aufwand zu reduzieren (GKV-Spitzenverband et al. 2014). Zum Zeitpunkt der empirischen Erhebungen im Frühjahr/Sommer 2014 waren diese Pläne allerdings über Modellversuche hinaus noch nicht implementiert.

Zu diesen Treibern des Dokumentationsaufwands kommen weitere Faktoren hinzu. Durch den Aufbau pflegewissenschaftlicher Kapazitäten in den vergangenen Jahrzehnten ist es zu einer regelrechten „Wissensexplosion" in der Pflege gekommen (Gruber/Kastner 2005). Seit dem Jahr 2000 werden pflegewissenschaftliche Erkenntnisse in Expertenstandards gebündelt, die in der Pflegepraxis der Leistungserbringer rechtlich verbindlich zu berücksichtigen sind und regelmäßig aktualisiert werden. Die Einhaltung dieser mittlerweile acht Standards (Stand: Januar 2015) mit einem erheblichen Umfang an Handlungsvorgaben muss dokumentiert werden. Ein weiterer Faktor für die Dokumentationsanforderungen sind gesetzliche Änderungen der Leistungserstellung. So wurde z.B. mit dem Pflegeneuausrichtungsgesetz im Jahr 2013 die Möglichkeit geschaffen, ambulante Pflege und Betreuung nicht nur über Leistungskomplexe, sondern auch nach Zeitaufwand zu kalkulieren. Die Abrechnung von Zeitanteilen jedoch erfordert die minutengenaue Dokumentation der Leistungszeit vor Ort, weil eine pauschalisierte Rechnungsstellung (z.B. in viertelstündigen Intervallen) nicht erlaubt ist.

3.2.2 Funktionsbeschreibung von EDV-gestützten Dokumentationssystemen

Seitens des Gesetzgebers oder der Prüfbehörden besteht keine Vorgabe, ob die Pflegedokumentation in digitaler (IT-gestützter) oder analoger (Papier-basierter) Form geführt werden muss. Allerdings zeigen sich angesichts der Anforderungen an die Komplexität und Systematik die Grenzen der auf papierenen Formularen beruhenden Dokumentationssysteme (Sowinski et al. 2015):

– Durch die unterschiedlich ausgeführten Handschriften bestehen Einschränkungen der Lesbarkeit sowie der Übersichtlichkeit;
– Pflegekräfte mit Schreibhemmungen und Problemen im fachlichen Ausdruck können die Pflegedokumentation unter Umständen nicht mit hinreichender Präzision vornehmen;
– durch die langen und zahlreichen Pflegeplanungsblätter wird die Pflegedokumentation mit fortschreitender Pflegedauer immer unübersichtlicher (z.B. bei der Frage, was abgesetzte und was noch gültige Pflegemaßnahmen sind);
– an den traditionellen Dokumentationssystemen wurde eine nur mangelhafte Abbildung des Pflegeprozesses bemängelt (MDS 2005).

Mit der Fokussierung der Dokumentation auf den Pflegeprozess geht es nicht mehr nur darum, die konkrete Leistung und die Aktivitäten der Pflegearbeit zu erfassen, sondern ebenso soll die Qualität der Pflegepraxis über differenzierte Abfragen sichergestellt werden. Dem Dokumentationswesen kommt also auch eine die Pflegearbeit steuernde Funktion zu. Dies erfordert, dass die Pflegehandlungen zeitnah, umfassend und präzise dokumentiert werden. Die Entwicklung der Informationstechnik ermöglicht es nun, die Dokumentationsarbeit in computergestützte Arbeitsvollzüge zu überführen. Die entsprechende Software enthält – neben den Stammdaten der Klienten – zumeist Elemente

– der Pflegediagnostik und des Risikoassessments,
– der Pflegeziele und Pflegeplanung,
– der einzelnen durchzuführenden Maßnahmen und Pflegehandlungen,
– der Vitalwerte und Zustandsbeschreibungen, die den Gesundheitszustand des Pflegebedürftigen und die Wirksamkeit der Maßnahmen dokumentieren und eine entsprechende Evaluation der Pflegeplanung erlauben,
– zur Leistungsabrechnung und zur Logistik von Hilfsmitteln, welche administrative Prozesse unterstützen sollen.

Für jeden zu Pflegenden wird – analog zur papierenen Pflegeakte – eine entsprechende Pflegeplanung angelegt. Während oder nach Durchführung der Pflegehandlungen nimmt das Computerprogramm für jeden einzelnen Pflegeschritt die entsprechenden Datenabfragen vor.

Seitens der Hardware kann die Dokumentation über verschiedene Systeme durchgeführt werden:

– PC-Arbeitsplätze im Dienstzimmer,
– Touchscreens oder Terminals auf den Fluren der Wohnbereiche, oder
– mobile Endgeräte (Tablet-PC oder Smartphone), die von den Pflegekräften mitgeführt werden.

Am Markt ist ein breites Spektrum an Hard- und Softwarekonzepten bei einer Vielzahl von spezialisierten Anbietern erhältlich (Sowinski et al. 2015).[16]

Vor dem Hintergrund der Anwendungsbreite und der variierenden technischen Ausgestaltung wurde auf die Erhebungen zur EDV-gestützten Dokumentation ein besonderer Schwerpunkt gelegt. Hierfür wurden zwei stationäre Einrichtungen und drei ambulante Dienste in die Untersuchung einbezogen, die jeweils unterschiedliche Technikvarianten mit verschiedenen Nutzungskonzepten betreiben. Die für die EDV-Dokumentation befragten Pflegeeinrichtungen und Dienste sind in unterschiedlichen Regionen Deutschlands ansässig und variieren sowohl in Trägerschaft wie auch in der Betriebsgröße (siehe Kapitel Untersuchungsdesign). Vor allem aber unterscheiden sich die eingesetzten IT-Systeme:

– In der Einrichtung A beruht das System wesentlich auf mobilen Endgeräten (Smartphones), mit denen die einzelnen Pflegeleistungen „abgehakt" wer-

---

16 Eine kursorische Marktrecherche des KDA im Rahmen der Praxisfeldanalyse hat im Jahr 2013 allein 85 Anbieter verschiedener Software-Programme zur Pflegedokumentation gefunden (Sowinski et al. 2015). Tatsächlich dürfte die Zahl der Anbieter noch deutlich höher liegen.

den. Jede Pflegekraft ist mit einem mobilen Endgerät ausgerüstet. Auf den Stationszimmern befindet sich ein Stand-PC mit Zugang zu allen Daten sowie für die Erstellung der Pflegeplanung. Darüber hinaus verfügt jeder Wohnbereich der Einrichtung über einen Tablet-PC, der für die Wunddokumentation genutzt wird. Die Daten werden auf einem Server (zunächst extern, ab einem späteren Zeitpunkt dann hausintern) gespeichert. Ein Datenzugriff von Trägerseite und für kooperierende Ärzte ist technisch möglich.

– In der zweiten stationären Einrichtung (D) wird die Pflegedokumentation über Laptops (tastaturgesteuert) eingegeben, die auf den Fluren jedes Wohnbereichs an der Wand abnehmbar angebracht sind. Für jeden Wohnbereich stehen vier Laptops sowie ein im Dienstzimmer stationierter PC zur Verfügung. Die Pflegeplanung kann sowohl an den Laptops wie auch an dem Standrechner vorgenommen werden. Ein Datenzugriff von Trägerseite ist technisch möglich.

– Der ambulante Pflegedienst C repräsentiert eine aus verschiedenen Elementen zusammengewürfelte „Low-Level"-IT-Nutzung: Während mit dem Pflegedokumentationsprogramm lediglich die Stammdaten der Klienten sowie die Mitarbeiterdaten verwaltet werden, erfolgt die Pflegeplanung an einem PC mit dem Textverarbeitungsprogramm Word. Ein spezialisiertes Programm eines regionalen Anbieters unterstützt den Datenträgeraustausch zu den Kassen. Die Pflegedokumentation in der Häuslichkeit des Klienten wie auch die Erfassung der Leistungen erfolgt auf papierenen Bögen.

– Beim Pflegedienst E wird über eine Dokumentationssoftware die Erstellung der Pflegeplanung sowie der Pflegemaßnahmen durchgeführt und auf papierenen Bögen ausgedruckt. Die Maßnahmen bzw. die entsprechenden Leistungskomplexe werden auf mobile Endgeräte übertragen, die die Pflegekräfte bei sich führen und mit denen sie die abgearbeiteten Leistungen dokumentieren. Parallel dazu werden die Leistungen sowie pflegerelevante Informationen in der Häuslichkeit der Klienten auf Formularen aus Papier vermerkt. Die Endgeräte (Smartphones) werden von den Pflegekräften mit nach Hause genommen und die Touren zum Schichtbeginn auch von dort aus gestartet.

– Der Pflegedienst F arbeitet ganz ohne papiergestützte Formulare, dafür mit einer Doppelstruktur an IT-Hardware: Hier wird ein Tablet-PC bei jedem der Klienten vor Ort hinterlegt, auf dem die Pflegedokumentation gespeichert wird und von den Pflegebedürftigen, Angehörigen oder Ärzten eingesehen werden kann. Die Mitarbeiter führen zudem einen kleinen Laptop mit sich, auf dem die Leistungen und Einsatzzeiten erfasst werden. Beide Geräte aktualisieren sich automatisch auf den jeweils neuesten Datenstand. Nach dem Tourenende werden die Daten zudem am Sitz des Pflegedienstes vom Laptop auf den Hauptrechner übertragen. Die Handzeichen der Mitar-

beiter werden vom System automatisch auf den Leistungsnachweis übernommen und müssen nicht mehr händisch vermerkt werden. Ebenfalls erfolgt die Pflegeplanung an den mobilen Notebooks, sodass das System
einen vollständigen Verzicht auf papierene Dokumentation ermöglicht. Die
Einsätze der Pflegekräfte starten und enden am Sitz des Pflegedienstes.
Dort werden auch die mobilen Endgeräte gelagert.

Bei der Betrachtung der EDV-gestützten Pflegedokumentation ist zu beachten,
dass für die stationäre Langzeitpflege und für die ambulante Pflege unterschiedliche Anforderungen bestehen. In stationären Einrichtungen wird eine umfassende Anamnese zum Hilfebedarf in den Bereichen der Mobilität, Motorik, Kör-
perhygiene, Ernährung und sozialer Kommunikation mit entsprechenden Risikoassessments und Maßnahmenplanungen durchgeführt. Die ambulanten Dienste
hingegen planen den Pflegebedarf und die Pflegemaßnahmen entlang der Leistungskomplexe, die sie ihren Klienten verkaufen. Dementsprechend ist der Dokumentationsaufwand geringer:

> „In einer stationären Einrichtung müssen die ja wirklich für alles ein Häkchen
> machen. Das ist ja bei uns, wir haben ja dann die Leistungsnachweise, da steht
> dann drauf, welche Leistungen erbracht werden und dann machst du dein Häk-
> chen drunter und fertig." (Pflegekraft C)

In der Regel können die Einzelaktivitäten ganzer Leistungskomplexe „en bloc"
mit einem Klick erfasst werden. Für die ambulanten Dienste allerdings ist die
ordnungsgemäße Dokumentation unmittelbar erlösrelevant, das heißt, über die
Dokumentation werden auch die entsprechenden Leistungsnachweise produziert, die zur Abrechnung an die Pflege- bzw. Krankenkassen geschickt werden.
Die Vorgaben zum Austausch der Datenträger variieren dabei zwischen den
Bundesländern (siehe Abschnitt zu den Erfahrungen mit dem Technikeinsatz).

3.2.3 Historische Erfahrungen

Im Bereich des Krankenhauses haben sich elektronisch gestützte Informations-
systeme in den vergangenen gut 30 Jahren national und international weitgehend
durchgesetzt. Spezialisierte Systeme zur Pflegedokumentation in der Altenpflege haben erst in der jüngeren Zeit eine größere Verbreitung erfahren (Sellemann et al. 2010; Hielscher 2014). Offenbar liegt für diesen Bereich ein gewisser „time-lag" vor, sodass hier der Prozess der Umstellung auf digitale Doku-
mentationstechnologien noch voll im Gange ist (Althammer/Sehlbach 2012).
   Zur Akzeptanz IT-gestützter Systeme zur Dokumentation und Pflegeplanung bei den professionell Pflegenden sind – ausgehend von der Entwicklung
im Krankenhaussektor – seit den 1990er Jahren eine Reihe von Studien durchgeführt worden. In der „Frühphase" der Umstellung auf EDV-gestützte Dokumen-

tation standen vor allem generelle Vorbehalte der Beschäftigten gegenüber der Computernutzung sowie Probleme in der technischen Handhabbarkeit der Systeme im Mittelpunkt (Adaskin et al. 1994). So hatten zu Beginn der 1990er Jahre nur wenige Pflegekräfte Vorerfahrungen mit der privaten Nutzung von Computern. Damit korrespondierte eine verbreitete Skepsis an der Sinnhaftigkeit, Computer im Arbeitsprozess überhaupt zu nutzen. Zudem wurden Befürchtungen geäußert, dass durch den IT-Einsatz wertvolle Zeit am Patienten für technische Aktivitäten geopfert werden müsste. Dies wurde durch eine ausgeprägte Kritik an der Unzulänglichkeit und Instabilität der damaligen Technologie unterlegt. In einer US-amerikanischen Studie aus dieser Zeit zu Folge konnten die Erwartungen an Zeitersparnis durch die Einführung einer IT-gestützten Pflegedokumentation nicht eingelöst werden – mit der Folge, dass die zunächst leicht positiven Einstellungswerte der Pflegekräfte drei Monate nach der Systemeinführung deutlich gesunken waren (Murphy et al. 1994).

Die in den 1990er Jahren akzentuierten Kritikpunkte an der technischen Funktionalität wurden in jüngeren Studien kaum noch thematisiert. Das Vererben der Kritik dürfte zum einen auf die technischen Fortschritte in der Leistungsfähigkeit, Zuverlässigkeit und Handhabbarkeit der Systeme zurückzuführen sein. Zum anderen scheinen sich eher positive Einstellungen zur Computernutzung durchgesetzt zu haben – grundlegende Ängste vor „dem Computer" waren in den vorliegenden Befragungen kaum noch von Bedeutung (Steffan et al. 2007; Albrecht et al. 2010). Es ist anzunehmen, dass die Haltung gegenüber Computertechnik seit den vergangenen zwei Dekaden durch das „Einsickern" dieser Technik in den Alltagsgebrauch vieler Haushalte heute bei vielen Menschen weniger skeptisch ausfällt als zu Beginn der 90er Jahre. Insgesamt wird der Stellenwert des gestiegenen Selbstvertrauens im Umgang mit Computern sowie die fachliche Akzeptanz des im Dokumentationssystem abgebildeten Pflegeprozesses für eine positive Einstellung zur IT-gestützten Dokumentation hervorgehoben (Ammenwerth et al. 2002, 2003; Mahler et al. 2003). Als ein weiterer wichtiger Aspekt für die Technikakzeptanz der Pflegekräfte gilt der soziale Einfluss aus dem Kollegenkreis (Holtz/Krein 2011). Es komme deshalb darauf an, wie die Einführung IT-gestützter Dokumentationssysteme auf den Stationen der Kliniken und in den Pflegeeinrichtungen kommuniziert und diskutiert wird.

Die Bedeutung des „Faktors Alter" wird allerdings in der Forschung unterschiedlich bewertet: Einerseits wird argumentiert, dass die jüngeren Pflegekräfte über ein höheres Selbstvertrauen im Umgang mit Computern verfügen als ältere (ebenda). Andererseits wird das demografische Argument mit dem Verweis in Frage gestellt, dass sowohl ältere wie auch jüngere Pflegekräfte positive Einstellungen gegenüber IT-gestützten Dokumentationssystemen aufweisen (Fleischmann 2010; Steffan et al. 2007). Zudem sind Technikeinstellungen offenbar nicht als statische Größen zu betrachten, sondern sie können sich während der

Einführung von IT-Systemen und mit zunehmender Nutzungsdauer wandeln. So weist Ammenwerth (2006) darauf hin, dass insbesondere in der Einführungsphase der Stress durch zusätzlichen Arbeits- und Zeitaufwand häufig steige und der Nutzen der neuen Technik noch nicht unmittelbar erfahrbar sei. Mit einer zunehmenden Vertrautheit in der Handhabung der Technologie wachse aber auch deren Akzeptanz.

Aus dem Rekurs auf die Forschungsliteratur[17] wird deutlich, dass die EDV-Nutzung in der Dokumentation der Pflegeleistungen und des Pflegeprozesses einen Einsatzbereich neuer Technologien darstellt, von dem schon jetzt ein großer Teil der professionell Pflegenden betroffen ist. Im Krankenhaussektor scheint die IT-gestützte Dokumentation bereits zum Regelfall geworden zu sein. Im Bereich der stationären, aber auch der ambulanten Altenpflege dürfte in den nächsten Jahren der Einsatz dieser Technik ebenfalls flächendeckender Standard werden. Somit werden in naher Zukunft mehr oder weniger alle Pflegekräfte diese Technologie in ihrem Arbeitsalltag nutzen. Welche Aspekte bei der Einführung EDV-gestützter Dokumentationssysteme in den Pflegeeinrichtungen von Bedeutung sind, wird in den folgenden Abschnitten anhand des empirischen Materials näher dargestellt.

3.2.4   Ziele und Finanzierung des Technikeinsatzes

Die Leitungskräfte in den Einrichtungen und Diensten wurden danach befragt, welche Impulse zur Einführung der EDV-gestützten Dokumentationssysteme geführt hatten und welche Intentionen bzw. Ziele damit verbunden wurden. Bei den beiden stationären Falleinrichtungen wurde die Investition in das EDV-System durch die eher größeren, der freien Wohlfahrtspflege zugehörenden Träger beschlossen. Mit diesem Beschluss waren im Grunde das zu beschaffende Hard- und Softwarekonzept sowie die zeitliche Einführungsplanung vorgegeben. Bei den ambulanten Diensten wurden die Entscheidungen zum Einsatz von EDV innerhalb der Betriebe selbst getroffen. Die Impulse für diese Entscheidungen sind in der Wahrnehmung der befragten Leitungskräfte wiederum vor allem durch Außeneinflüsse gesetzt, etwa durch die jährlichen Qualitätsprüfungen des MDK, oder durch die neu geschaffene Möglichkeit, Pflegeleistungen auch nach Zeiteinheiten abzurechnen:

> „Bei der Frage ‚Pflege nach Stunden' war ja die Auskunft, das geht ja fast nur mit mobiler Datenerfassung. Das ist ja schwierig so minutengenau abzurechnen, wenn ich nicht irgendein Hilfsmittel an der Hand habe." (Leitungskraft E)

---

17   Eine ausführliche Darstellung des wissenschaftlichen Diskurses zum Technikeinsatz in der Altenpflege wurde im Rahmen des Projekts als internationale Literaturanalyse vorgelegt (Hielscher 2014; Hielscher et al. 2015).

Ein weiteres funktionales Motiv zur Technikeinführung war die Hoffnung auf eine Effizienzsteigerung und damit verbunden die Gewinnung von Zeit im Pflegeprozess:

> „Es ging schon darum, Zeit zu sparen beim Träger. Und zwar war das so die Überlegung mit diesen Übergabezeiten, dass das schneller geht. Das System ist ja so aufgebaut, dass sie eigentlich gar keine Übergabe mehr machen müssen." (Leitungskraft A)

Wesentliche Ziele für die Umstellung von einer papierenen auf eine IT-gestützte Dokumentation lagen also darin, dem externen Prüfdruck besser begegnen zu können, die Leistungserbringung zeitlich präzise zu erfassen und notwendige Zeiten für Besprechungen einzusparen. Mit diesen Zielen verbunden war jedoch durchgehend „auch eine gewisse Hoffnung, dass mit der EDV-gestützten Pflegedokumentation eine Vereinfachung, eine Verbesserung eintritt" (Leitungskraft D). Die befragten Heim- und Pflegedienstleitungen hatten in der Regel selbst längerfristig als Pflegekraft gearbeitet. Sie stellten zumeist eine enge Verknüpfung der effizienzfunktionalen Ziele mit mitarbeiterbezogenen Entlastungszielen her. Gerade in der Reduzierung des Aufwandes für die Schreibarbeit und in der Möglichkeit, aufwandsarm und zeitnah am Arbeitsprozess die Dokumentation erledigen zu können, wurden Potenziale für eine Entlastung der Pflegearbeit gesehen. Inwieweit sich diese Ziele realisieren ließen und welche weiteren Effekte sich mit der Umstellung auf EDV-gestützte Dokumentation gezeigt haben, wird im Abschnitt zu den Erfahrungen mit dem Technikeinsatz ausgeführt.

Die Finanzierung von Dokumentationssystemen müssen die stationären Einrichtungen und ambulanten Dienste über Eigenmittel bzw. über ihre Investitionskostenpauschale abdecken. Dies gilt grundsätzlich sowohl für papierbasierte Systeme (Kladden, Pflegeplanungsblätter, Aktenschränke und Dokumentationswagen) wie auch für EDV-gestützte Systeme mit der entsprechenden Hard- und Software. Bei der Umstellung der Dokumentation fallen zudem Kosten für Schulungen, Anleitung und Coaching an. Insofern stellt die Einführung einer EDV-gestützten Dokumentation für die Anbieter von Pflegedienstleistungen eine erhebliche Investition dar. Die Anschaffungskosten für die Endgeräte, Server und Software variieren beträchtlich; sie können aber leicht im fünfstelligen Bereich liegen.

Die Fallstudienerhebungen haben gezeigt, dass Einrichtungen und Dienste großer Träger, was die Ressourcenlage für solche Investitionen angeht, daher andere Ausgangsbedingungen haben als z.B. kleine, privat getragene Dienste mit einer nur knappen Kapitaldecke. So wurden die technisch umfassenderen Systeme in den stationären Einrichtungen A und D sowie im ambulanten Dienst E eingeführt, die allesamt großen Trägern angehören. Die Investitionen für Hard- und Software wurde entweder ganz von den Trägern übernommen oder aber von diesen zunächst vorfinanziert und über Abschreibungen auf das jährliche Budget der Einrichtung umgelegt. Bei den stationären Beispielbetrieben hatten die Träger das Dokumentationssystem für eine größere Zahl an Einrichtungen angeschafft. Hier ist anzunehmen, dass für die Beschaffung der Hard- und Software relativ günstige Einkaufsbedingungen verhandelt werden konnten. Die zwei anderen ambulanten Dienste waren privat geführt bzw. in der Hand eines kleinen regionalen Trägers, der sich finanziell nicht an der Beschaffung der Technik beteiligt hatte. Diese Beispielbetriebe repräsentieren den Einsatz von technisch vergleichsweise bescheidenen Lösungen. In dem einen Fall (C) wurden mobile Endgeräte gar nicht genutzt, im anderen Fall (E) waren die Endgeräte von einem anderen Dienst im Zuge einer Fusion quasi kostenfrei übernommen worden, ohne dass eine Investitionsentscheidung notwendig war. Die Einführung von Elementen EDV-gestützter Dokumentation erscheint hier wenig stringent und von kontingenten Erwägungen und Gelegenheiten geleitet. Die Systematik der Auswahl und der Produktentscheidung ist deutlich höher, wo – mit Hilfe starker Träger – umfassendere Systeme für eine größere Zahl von Einrichtungen beschafft werden. Im Sample der untersuchten Einrichtungen und Dienste zeigt sich daher ein gewisser „Technologie-Lag" von stationären Einrichtungen hin zu den ambulanten Diensten sowie von Betrieben in Trägerschaft der großen Wohlfahrtsverbände hin zu privaten Diensten oder solchen mit einem kleinen, regional begrenzt aktiven Träger.

Für die Tatsache, dass in den ambulanten Diensten technisch eher weniger ambitionierte Lösungen realisiert wurden, können jedoch auch externe Faktoren wie z.B. die Vorgaben zum Datenträgeraustausch verantwortlich sein. Dieser Austausch von Daten zwischen Leistungserbringern und Kassen ist in den § 105 SGB XI und § 302 SGB V geregelt. Obwohl in den gesetzlichen Regelungen festgeschrieben ist, dass die Daten in maschinenlesbarer Form erstellt werden sollen, berichteten die Leitungskräfte der ambulanten Dienste, dass die Pflegekassen die Vorlage der Leistungsnachweise in papierener und von den Pflegekräften handschriftlich abgezeichneter Form verlangen. In einem Fall (Falleinrichtung F) hatte die Kasse ein maschinell erzeugtes Handzeichen akzeptiert, bestand aber dennoch auf der Übersendung der Dokumente in Papierform. An der Schnittstelle zwischen den Diensten und den Pflegekassen können also in der Praxis offenbar nicht alle Daten in digitalisierter Form übertragen werden. Dies führt zu einem parallelen Dokumentations- und Administrationsaufwand, welcher bremsend auf die Investitionen in digitale Dokumentationssysteme wirkt.

„Da wir noch nicht elektronisch abrechnen können und immer noch eine Papierversion mit Unterschrift und allem Drum und Dran brauchen, haben wir das Problem, wenn diese Daten, was schriftlich vorliegt und was im Gerät ist, nicht übereinstimmen. Dann ist immer die Frage, was ist richtig und was ist nicht richtig [...] Wir machen zwar mit den Kassen elektronischen Datentransfer, aber nichtsdestotrotz, die kriegen die Daten elektronisch, die kriegen die Rechnungen, die verlangen die Leistungsnachweise, also Ersparnis ist keine da." (Leitungskraft E)

Potenzielle Effizienzgewinne in den administrativen Prozessen lassen sich aus Sicht der befragten Leitungskräfte aufgrund dieser Schnittstellenproblematik kaum realisieren. Im Gegenteil, durch die erforderlichen Doppelstrukturen in der Leistungserfassung werden zusätzliche Arbeiten zur Datenbereinigung notwendig, die den Gesamtaufwand der Dokumentation erhöhen.

3.2.5 Implementationswege

Die Einführung der EDV-gestützten Dokumentation lässt sich unter verschiedenen Aspekten beleuchten. Zum einen ist die Frage nach den Entscheidungsstrukturen zu stellen, also inwiefern die Pflegekräfte an der Auswahl und den Spezifizierungen des Systems beteiligt waren, welche Rolle Erprobungen und damit verbundene Rückkoppelungsprozesse spielen und inwieweit die Beschäftigten in die Lage versetzt wurden, das System zu modifizieren oder für ihre Arbeitsprozesse zu adaptieren. Zum anderen ist von Bedeutung, mit welcher Systematik und mit welchem Aufwand die Pflegekräfte darin unterstützt wurden, eine kompetente Handhabung der Technik zu erlernen. Es geht also um die Personal- und Zeitressourcen für Schulung, Begleitung und Coaching-Prozesse, mit denen die Einführung der IT-Technik unterlegt wurde. Im Folgenden werden die Unterschiede in den Vorgehensweisen bei der Einführung der neuen Dokumentationssysteme näher dargestellt.

Top-Down- vs. Bottom-Up-Einführung

An der Systemauswahl können verschiedene Funktionsebenen beteiligt sein. Die Produktentscheidung kann allein durch den Träger, also außerhalb der Einrichtung, getroffen werden; es können die Einrichtungsleitungen als Entscheider auftreten oder es erfolgt darüber hinaus auch eine Beteiligung der Pflegekräfte an der Systemauswahl. Alle drei Varianten der Entscheidungsfindung waren in den befragten Einrichtungen und Diensten vorzufinden.

In den beiden stationären Einrichtungen wurde die Software-Auswahl durch die Träger getroffen, die jeweils ein Dokumentationssystem für alle Einrichtungen in ihrem jeweiligen Einzugsgebiet beschafft hatten.

„Der Träger hat dann vor drei oder vier Jahren entschieden, dass es umgesetzt wird in allen Einrichtungen, hat dann einen Plan erstellt, wann mit welcher Einrichtung begonnen wird [...] Dass die Mitarbeiter natürlich grundsätzlich immer sagen, dass der Zeitpunkt der Falsche ist, das ist ganz klar [...] Irgendwann war es auch richtig und wichtig, dass der Träger gesagt hat, so jetzt ist Feierabend mit der Diskussion, wir haben uns für ein System entschieden und jetzt wird es auch umgesetzt'." (Leitungskraft D)

Die Tatsache, dass die Träger eine Investitionsentscheidung zum Dokumentationssystem für eine Vielzahl von Einrichtungen zu treffen haben, engt die Spielräume für eine Partizipation der Akteure in den einzelnen Einrichtungen an der Frage der Produktentscheidung ein. Die befragten Einrichtungen wurden über eine Arbeitsgruppe der Leitungskräfte in den Implementationsplan eingebunden, um die entsprechenden Vorläufe vor Ort organisieren zu können.

Bei den befragten ambulanten Diensten wurde die Entscheidung für das Produkt sehr viel stärker innerhalb des jeweiligen Betriebes getroffen. Hierbei zeigten sich deutliche Differenzen in der Vorgehensweise der Führungskräfte. In zwei der Dienste wurden die Entscheidungen, ob IT-Technik eingesetzt wird und für welche Anwendungen sie genutzt wird, ausschließlich auf der Leitungsebene (Inhaberin und Pflegedienstleitung) getroffen. Die Pflegekräfte wurden im Zuge einer Kurzeinweisung über diese Entscheidung informiert. Lediglich im Fallbetrieb F wurden auch die Mitarbeiter/innen an der Produktauswahl beteiligt:

„Ich habe das Team ganzheitlich miteinbezogen. Ich war mit einer Kollegin auf der Pflegemesse, dann gab es einen Termin, wo das System vorgestellt wurde, da wurden auch die Mitarbeiter miteinbezogen." (Leitungskraft F)

Zwar gab es auch in diesem Dienst seitens der Pflegedienstleitung eine Präferenz, Produkte eines Anbieters zu nutzen, die vom Träger bereits in einer stationären Einrichtung eingesetzt wurden. Jedoch hatte er Anstrengungen unternommen, das System den Pflegekräften vorzuführen sowie ihr Einverständnis für die Produktentscheidung einzuholen – und damit die Akzeptanz des Technikeinsatz bereits zu einem Zeitpunkt zu stärken, bevor der erste Computer angeschafft wurde.

Umfangreiche Schulung vs. Kurzeinweisung

Die Einführung eines neuen Dokumentationssystems stellt die Pflegekräfte in zweifacher Hinsicht vor neue Herausforderungen: Zum einen muss mit dem Gebrauch von Computern bzw. mobilen Endgeräten unter Umständen die *Handhabung eines neuen Artefaktes erlernt* werden. Dies betrifft z.B. die Bewegungen durch die Benutzeroberfläche des Systems oder den sicheren Gebrauch von Touchscreens. Hier variieren die individuellen Voraussetzungen und Vorerfahrungen vor allem danach, inwiefern Computer oder Smartphone bereits im Alltag genutzt werden. Zum anderen werden die zu dokumentierenden Daten und Informationen (je nach System) in anderen Formularen oder Eingabemasken erfasst, als dies in der bisherigen papierenen Form der Fall war. Freifelder zur Texteingabe werden unter Umständen durch anzuwählende Textbausteine unterstützt oder ersetzt. Insofern müssen auch *neue Eingabemodalitäten* erlernt und trainiert werden. Beide Aspekte sind eine Herausforderung für innerbetriebliche Schulungen, Anleitung und Coaching. Die befragten Modelleinrichtungen haben sich dieser Anforderung in sehr unterschiedlicher Weise gestellt.

Das Spektrum der betrieblichen Anleitungs- und Qualifizierungsmaßnahmen für die Nutzung der IT-gestützten Dokumentationssysteme reicht von Kurzeinweisungen durch eine Leitungskraft über eine mit der Einweisung verknüpfte Coaching-Phase bis hin zu mehrtägigen Schulungen und den Einsatz speziell qualifizierter Dokumentationsassist/inn/en, die das Personal in der Handhabung der EDV unterstützen. Generell zeigte sich auch hier ein Gefälle zwischen den stationären Einrichtungen und den ambulanten Diensten. Detaillierte Schulungskonzeptionen lagen ausschließlich im stationären Bereich vor. So hatte die Einrichtung D bereits Monate vor Einführung der EDV-gestützten Dokumentation einen Kurs zur PC-Nutzung für alle Mitarbeiter/innen angeboten, um Grundkenntnisse in der Handhabung des Computers erwerben zu können. Ebenfalls wurden als vorbereitender Schritt die bisher genutzten Papierformulare durch solche des Software-Herstellers ersetzt, die vom Design und der Struktur her analog zum EDV-System aufgebaut waren. In beiden befragten stationären Einrichtungen wurden vor der Inbetriebnahme des neuen Dokumentationssystems zeitliche Ressourcen eingeplant, in denen die Fachkräfte die Pflegeplanung in das EDV-System übertragen konnten. Die eigentliche Einführung wurde durch mehrtägige Schulungen zunächst der Leitungskräfte, dann der Fachkräfte für die Handhabung der Hardware und der Dokumentationssoftware vorbereitet. Für die Pflegehilfskräfte, die in geringerem Umfang Zugriffsmöglichkeiten und Dokumentationspflichten haben, wurde ein verkürztes Schulungsprogramm durchgeführt. Die Träger beider Einrichtungen hatten jeweils eine spezielle Kraft als Mentor für die Einführungsphase des EDV-Systems in ihren jeweiligen Pflegeeinrichtungen eingestellt. Diese Begleitung durch den Träger wurde sowohl von Leitungskräften als auch von den Fachkräften als wichtige Ressource wahrgenommen:

> „Vom Träger kam da eine Mentorin, eine Woche täglich, die sich natürlich super damit auskannte. Die hat sich auch mal neben jeden Mitarbeiter gestellt [...] und wirklich alle Fragen beantworten können, zu jedem Zeitpunkt. Wirklich jeder Mitarbeiter hatte auch die Zeit zu sagen: ‚können Sie mir das nochmal zeigen‘, die waren auch total positiv. Die hat das nicht als schlimm empfunden, dass man dann fünfmal gefragt hat." (Pflegekraft 2D)

Auf der innerbetrieblichen Seite wurde die Begleitung bei der Handhabung des Systems durch die Pflegedienstleitung und speziell geschulte Pflegekräfte übernommen. In Einrichtung A wurde eine Pflegefachkraft zur Dokumentationsassistentin weiterqualifiziert und stand den Mitarbeiter/inne/n als interne Ansprechpartnerin und Mentorin zur Verfügung. Eine „engmaschige Betreuung ab morgens um sieben" (Pflegedienstleiter) in der Kombination mit hinreichend Zeitressourcen, um Sicherheit in der Handhabung des Systems zu erlangen, dürften zentrale Faktoren für die problemlose, erfolgreiche Anwendung und damit für die Akzeptanz der neuen Technik darstellen.

> „Ich weiß nicht, wie oft ich die stellvertretende Pflegedienstleitung angerufen habe: ‚kannst du mir das noch mal zeigen' und der kam trotzdem immer wieder rüber und immer wieder positiv und man hatte dann so das Gefühl gehabt, irgendwann wird man das können. [...] Vier Monate, fünf Monate hatte halt jede Fachkraft zwei Tage in der Woche, wo man sich da zurückziehen konnte, das hat ganz gut geklappt, denke ich." (Pflegekraft 2D)

Über die Maßnahmen in der Einführungsphase hinausgehend wurde in dieser Einrichtung für die Pflegekräfte dauerhaft alle vier Wochen ein „Bürotag" im Dienstplan neu geschaffen, welcher für die Überprüfung und Aktualisierung der Dokumentation sowie für die Evaluation der Pflegeplanung genutzt werden kann.[18] Die empirischen Beispiele zeigen, dass über die Anschaffungskosten der Hard- und Software hinaus in den stationären Einrichtungen erhebliche Ressourcen in die Schulung und die Begleitung des Personals geflossen sind.

Die ambulanten Dienste verfügen in der Regel nicht über vergleichbare Personal- und Zeitressourcen und haben überdies einen weniger komplexen Pflegeplanungs- und Dokumentationsaufwand zu leisten. Mit der Einführung mobiler Endgeräte zur Leistungserfassung kamen hier vor allem „learning-by-doing"-Strategien zum Tragen. So erhielt die Leitung des Pflegedienstes E eine eintägige Schulung durch den Software-Anbieter, um anschließend selbst die Pflegekräfte in die Handhabung der Geräte einzuweisen.

> „Die Pflegedienstleitung hat ein paar von uns rausgesucht und dann hatten teilweise manchmal zwei Leute ein Handy. Wir haben uns hingesetzt und sie hat uns halt erklärt mit dem Anmelden, was für einen Pin wir eingeben müssen und mit dem Starten und Beenden [...] Dann hat sie halt gesagt, wir sollen das jetzt mal testen." (Pflegekraft 3E)

Die befragten Pflegekräfte dieser Einrichtung äußerten sich deutlich kritisch gegenüber einer in ihrer Wahrnehmung nur mangelhaften Einführung in die Handhabung der Geräte. Man habe es sich bei den Kolleg/inn/en „abgucken" müssen, wie die Datenerfassung funktioniert.

---

18 Für die Wohnbereichsleitungen der Einrichtung steht ein Tag pro Woche für administrative Arbeiten zur Verfügung.

Im ambulanten Dienst F wurden die Pflegekräfte in eine Präsentation des Software-Anbieters einbezogen, weitere Einweisungen wurden durch die Pflegedienstleitung übernommen. Diese hatte sich darüber hinaus stark engagiert, das Pflegeteam beim Erlernen der Handhabung der mobilen Geräte zu begleiten.

„Der Chef ist mit mir dann auch selber auf Tour gefahren, dass wir es zusammen gemacht haben und so wurde das eigentlich von Mal zu Mal immer besser." (Pflegekraft 4F)

„Er kommt voll aus dem Metier und schmeißt uns nicht das Zeug hin und sagt: ‚Ja mach mal'. Er kennt unsere Probleme, weil er sie selber hatte und kann sich da gut auch in unsere Situation, denke ich, reinversetzen." (Pflegekraft 5F)

Obgleich auch hier kaum mehr Zeitressourcen für die Schulung der Mitarbeiter/innen verfügbar waren, äußerten sich die befragten Beschäftigten dieses Dienstes deutlich positiver zum Einführungsprozess wie auch nur Nutzung der IT-gestützten Dokumentation insgesamt. Diese Akzeptanz stützt sich vor allem auf die Ressource „Vertrauen" gegenüber der Leitungskraft sowie auf das Bemühen des „Chefs", die Pflegekräfte in der Handhabung des neuen Systems intensiv zu unterstützen.

Die empirischen Erhebungen in den fünf Falleinrichtungen haben gezeigt, dass erhebliche Asymmetrien im Ressourceneinsatz für die Schulung und Begleitung der Pflegekräfte in der Handhabung der IT-gestützten Dokumentationssysteme bestehen. Aus Sicht der befragten Pflegekräfte noch wichtiger als Schulung und Einweisung in die Geräte und Software stellt sich die enge Begleitung durch kompetente Kolleg/inn/en oder Führungskräfte in der Einführungsphase dar. Erst durch die Erfahrung, auch über einen längeren Prozess im Arbeitsalltag nicht mit Anwendungsproblemen alleine gelassen zu werden, kann offensichtlich eine gewisse Handlungssicherheit, Selbstvertrauen und eine kompetente Handhabung der IT entwickelt werden.

Entwicklungsoffenheit und Verfügbarkeit der Technologie

Für die Einführung einer IT-gestützten Dokumentation ist von Bedeutung, inwieweit die Hard- und Software bereits ein fertig entwickeltes, am Markt eingeführtes System darstellen oder inwieweit sie Anpassungsentwicklungen oder optionale Anpassungen in der Praxis ermöglichen. In den befragten Einrichtungen und Diensten wurden IT-Systeme eingesetzt, die in sehr unterschiedlichem Ausmaße entwicklungsoffen waren:

In der stationären Einrichtung A wurde eine Software genutzt, die sich noch in der Entwicklung befand und aus einem Rumpfprogramm bestand, welches unter Beteiligung der Praktiker/innen aus der Pflege spezifiziert und vervollständigt werden sollte. Hier waren erhebliche Spielräume gegeben, aus der Pflegepraxis heraus Bedarfe oder Erfahrungen mit Testversionen zu artikulieren, die im Zuge der Entwicklung zu Optimierungen und Anpassungen der Dokumentationssoftware genutzt wurden. Auch war es hinsichtlich der Hardware-Technologie möglich, den Datenserver von der Trägerzentrale in die Räume der Einrichtung zu verlegen, nachdem es zu Problemen mit der Datenübertragung gekommen war.

Dennoch – so das Resümee der Einrichtungsleitung – hat die partizipative Systementwicklung nicht automatisch das funktional beste Produkt hervorgebracht:

> „Unser großer Träger, der hat 18 Heimleiter und 18 Pflegedienstleiter und jeder kommt mit seinen Idealen, sie wollen das, ich will das. Jetzt soll der Softwarehersteller am besten alles erfüllen, irgendwann habe ich gesagt, jetzt wird es langsam kritisch, jetzt wird die Software überfordert. Jeder hat gesagt, das ist mir ganz wichtig, das wurde dann noch eingepflegt [...] Es wurde immer komplexer, wo ich mir gesagt habe, das brauchen wir nicht. Das hat sich nicht ganz so erfüllt. Die Hersteller haben auf der anderen Seite auch den Druck gehabt, die wollten ja an den Markt, dass da mehrere Menschen zufrieden sind." (Leitungskraft A)

Die Integration der Nutzer in die Technikentwicklung ist ein immer wieder reklamierter Anspruch (Haubner/Nöst 2012). An diesem Beispiel zeigt sich jedoch auch, dass die Beteiligung einer Vielzahl von Akteuren in Kombination mit den Vermarktungsinteressen der Technikentwickler zu „maximalistischen" Lösungen führen kann, welche wiederum aus der Sicht des einzelnen Nutzers überkomplex und damit suboptimal ausfallen können.

Die Anpassungen in dieser Pflegeeinrichtung waren vor allem deshalb möglich, weil seitens des Technologie-Anbieters wie auch seitens des Trägers die IT-Einführung als Entwicklungsprojekt begriffen wurde. Deshalb wurde in den Befragungen dieser Einrichtung auch nur wenig Kritik an der Handhabbarkeit und Funktionalität des Systems artikuliert bzw. wurden technische Einschränkungen als eine Episode in der Einführungsphase thematisiert, die durch Optimierungen überwunden werden konnten.

In der stationären Einrichtung D war die Software ein fertig entwickeltes, am Markt eingeführtes Produkt, das als technisch ausgereift galt und keine Entwicklungsoptionen anbot. Die Hardware wurde unter Beratung des Trägers nach bestimmten Spezifikationen vor Ort beschafft. Die Pflegekräfte wurden aber zur Handhabung des Systems intensiv geschult und durch den Träger und die Leitungskräfte der Einrichtung engmaschig begleitet (siehe oben), sodass auch hier kaum Kritikpunkte an der Usability formuliert wurden.

Bei den ambulanten Diensten hingegen wurden technische Probleme erkennbar, die vor allem bei der Datenübertragung zwischen den mobilen Endgeräten und dem jeweiligen Datenserver auftauchen. In den beiden Fallbetrieben E und F, die mobile Geräte nutzen, bestand immer wieder das Problem, dass aufgrund von Funklöchern der Mobilfunknetze der Datenaustausch zusammenbrach oder dass (im Fallbetrieb F) die Steckerverbindung zwischen dem Gerät der Pflegekraft und dem in der Häuslichkeit des Klienten verbleibenden Gerät verschliss. Dieses Problem konnte im Zuge der Systemeinführung gelöst werden:

> „Wir haben dann ganz schnell diese Offlineversion ins Leben gerufen. Wo ich nicht mehr von der Internetverbindung abhängig war, wo ich kein USB-Kabel mehr zum Verbinden brauchte, wo ich nur ‚klick' sage und das Ding macht das von alleine. Ich kann meine Arbeit anfangen beim Klienten, in der Zeit verbinden die sich über eine Hotspotverbindung." (Leitungskraft F)

Diese technische Anpassungsmöglichkeit hat erheblich dazu beigetragen, dass eine anfängliche Skepsis der Pflegekräfte („Am Anfang haben wir es gehasst." - Pflegefachkraft) in puncto Handhabbarkeit des Systems überwunden werden konnte. Im Unterschied dazu wurden beim ambulanten Dienst E keine technischen Optimierungen vorgenommen – dementsprechend ausgeprägt fällt die Kritik der Pflegekräfte an der Funktionalität des Systems aus (siehe Abschnitt zu den Erfahrungen mit dem Technikeinsatz).

Differenzen waren schließlich auch in der Verfügbarkeit der Geräte festzustellen. In der Einrichtung A wurden mobile Endgeräte für jede Pflegefach- und Pflegehilfskraft zur Verfügung gestellt, die während des Arbeitstages permanent mitgeführt werden. Die zweite stationäre Pflegeeinrichtung D hatte in jedem Wohnbereich vier für alle Pflegekräfte zugängliche Laptops in den Fluren angebracht, an denen die Eingabe erfolgt. Der ambulante Dienst F hatte für jede Tour jeweils ein mobiles Gerät vorrätig. In diesen drei Fallbetrieben war – nach einer kurzen Phase von Doppelstrukturen während der Einführung des IT-Systems – die ausschließliche Nutzung der EDV-gestützten Datenerfassung für alle Mitarbeiter/innen verbindlich vorgeschrieben: „Dass sich jemand verweigert, das geht nicht, sie dürfen es nicht dulden" (Leitungskraft A).

In der Falleinrichtung E hingegen waren nicht für alle Kräfte des Pflegedienstes mobile Endgeräte vorhanden. Die Auswahl der Pflegekräfte, die das Gerät nutzen sollten, erfolgte nur mit einer geringen Stringenz.

> „Ich habe das Handy bekommen, weil eins übrig war und dann hat man bei uns in der Gruppe gefragt ‚wer will eins?' Jeder guckt in die Ecke und ich habe dann gesagt, ich habe keines so privat, das ist absolutes Neuland, aber ich probiere es mal aus." (Pflegekraft 1E)

Die Auswahl der Nutzer scheint gewissermaßen erratisch. Da nur ein Teil der Pflegekräfte die mobile Datenerfassung nutzen kann, parallel dazu allerdings das bisherige papierene Dokumentationswesen bestehen bleibt, ist die Verbindlichkeit, die Geräte auch zu gebrauchen, nur schwer bzw. nur mit Druckmitteln durchsetzbar:

„Andere waren sehr skeptisch. Da musste man schon so ein bisschen sagen: ,Du
nutzt jetzt dieses Gerät. Das bildet ja auch die Dienstzeiten ab, Du musst dieses
Gerät jetzt nutzen'. Wir haben dann auch ein bisschen gedroht und gesagt: ,wenn
Du das nicht nutzt, dann können wir Dir auch nur die Zeiten anerkennen, die auf
dem Tourenplan stehen'." (Leitungskraft E)

Die Tatsache, dass nicht allen Pflegekräften Endgeräte zur Verfügung stehen
und eine dauerhafte Doppelstruktur zwischen papiergestützter und digitaler Do-
kumentationsform besteht, lässt die Legitimität der IT-Nutzung erodieren. Dass
die Leitung des Dienstes sich gezwungen sieht, gegenüber einzelnen Mitarbei-
ter/inne/n zu Druckmitteln zu greifen, ist mit Blick auf die Akzeptanz der Technik ein weiterer ungünstiger Faktor. So fallen auch die Rückmeldungen der Beschäftigten dieses Betriebes im Vergleich der befragten Falleinrichtungen besonders kritisch aus.

3.2.6   *Erfahrungen mit dem Technikeinsatz*

Im Folgenden werden die Erfahrungen der Einrichtungen und ambulanten
Dienste mit der Nutzung EDV-gestützter Dokumentationssysteme herausgearbeitet. Zunächst ist dabei der Blick auf die Bedienbarkeit und Funktionalität der
Systeme zu richten. Diese werden unter dem Begriff der Gebrauchstauglichkeit
(usability) durch die Industrienorm DIN EN ISO 9241-11 definiert als das Ausmaß, in dem ein Produkt in einem bestimmten Anwendungskontext genutzt werden kann, um bestimmte Ziele effektiv, effizient und zufriedenstellend zu erreichen. Ausgehend von der technischen Tauglichkeit und dem fehlerfreien
Funktionieren der Geräte und der Software ist die Frage nach weitergehenden
Effekten für die Betriebe und die Pflegearbeit zu stellen.

–   Hinsichtlich der Betriebsorganisation und des Managements der Einrichtun-
     gen stehen Fragen der Effizienz, der Steuerungsmöglichkeiten durch die
     neuen Systeme, der betriebswirtschaftlichen Einnahmeseite sowie der Ar-
     beitsteilung und des Führungshandelns im Mittelpunkt.
–   Mit Blick auf die Pflegearbeit und die Pflegekräfte als handelnde Akteure
     sind die qualifikatorischen Voraussetzungen der Techniknutzung, die neuen
     Anforderungen an die Pflegearbeit und die Entwicklung der Arbeits- und
     Pflegequalität von Bedeutung.

Technisch-organisatorische Bedingungen und Restriktionen

Neben den weiter oben bereits ausgeführten Gesichtspunkten der Schulung und
der Begleitung in der Einführungsphase der Dokumentationssysteme ist für den
Arbeitsalltag der Pflegekräfte von entscheidender Bedeutung, dass die Technologie schlichtweg zuverlässig und fehlerfrei funktioniert und leicht zu bedienen

ist. Im Rahmen der Untersuchung konnten die Geräte und die eingesetzte Software keinem Usability-Test unterzogen werden. Die Befragungen der Praktiker/innen in den Einrichtungen und Diensten zeigen jedoch deutlich unterschiedliche Einschätzungen der Gebrauchstauglichkeit EDV-gestützter Dokumentationssysteme. In nahezu allen Falleinrichtungen sind während der Einführung Probleme in der Handhabung und in der Funktionalität der Systeme aufgetreten. Entscheidend war dabei zumeist, inwiefern es gelungen ist, diese Probleme durch technisch-organisatorische Optimierungen zu beheben.

Sowohl im stationären als auch ganz besonders im ambulanten Bereich berichteten die Befragten über Probleme mit der Datenübertragung von den mobilen Endgeräten auf den Server der jeweiligen Einrichtung. Diese Übertragung erfolgte bei den ambulanten Diensten E und F über das Mobilfunknetz bzw. in der Einrichtung A über ein hausinternes WLAN und das Internet.

„Wir haben ja einen zentralen Server in A-Stadt stehen, die Übertragung hat nicht funktioniert, da haben die PDAs[19] nicht funktioniert. Das war, ich kann Ihnen gar nicht sagen, da konnten die nicht dokumentieren, da sind die durchs Haus gerannt und haben versucht, einen Access Point zu finden, der das überträgt und die Fehlerquelle wurde nicht gefunden [...] Die Akzeptanz war fast im Keller." (Leitungskraft A)

Die technischen Übertragungsprobleme und die Verzögerungen in der Fehlerbehebung hatten nach den Angaben der Heimleitung den zeitlichen Dokumentationsaufwand erhöht und die Arbeitsabläufe so weit beeinträchtigt, dass die Mitarbeiter/innen kurz vor einer Verweigerung standen, die Geräte weiter zu nutzen. Schließlich hatte sich der Träger dazu entschieden, vom Konzept eines zentralen Datenservers abzurücken und vorerst einen dezentralen Server in der Einrichtung zu installieren – womit die Übertragungsprobleme gelöst werden konnten. Diese Problematik korrespondiert aus Sicht der Akteure in der Einrichtung mit den zentralistischen Strukturen eines großen Trägers:

„Irgendwann muss sich der Träger entscheiden: Haben wir jetzt wieder einen zentralen Server oder dezentrale Server? Diese Probleme haben die privaten Häuser oder kleinere Träger nicht." (Leitungskraft A)

An diesem Beispiel zeigt sich, dass mit der Standortfrage für den Datenserver eine technische Strukturentscheidung getroffen wird, die für die Gebrauchstauglichkeit mobiler Endgeräte zur Datenerfassung erhebliche Auswirkungen haben kann und in diesen Implikationen frühzeitig bedacht werden sollte.

Beeinträchtigungen im Datentransfer wurden auch aus dem ambulanten Einsatz mobiler Endgeräte berichtet. In Falleinrichtung F betraf dies sowohl die kabelgebundene wie auch die funkgebundene Variante der Datenübertragung.

---

19   Im internen Sprachgebrauch der Einrichtung wurden die mobilen Endgeräte als PDA (Personal Digital Assistant) bezeichnet.

„Es war ja erstens mal als Onlineversion. Auch in der Stadt gibt es Ecken, ich hatte keine Verbindung mehr [...] Die Verbindung zwischen Notebooks und Dokumappen [beim Klienten] waren über USB Kabel. Was passiert, wenn ich, übertrieben gesagt, 60-mal am Tag ein USB Kabel reinstecke und wieder rausziehe, muss ich nicht erzählen. Also, das war ratzfatz alles im Eimer." (Leitungskraft F)

Auch diese Probleme konnten, wie oben bereits geschildert, nach den ersten Erfahrungen dadurch behoben werden, dass die Endgeräte die Daten offline erfassen und nach Beendigung der Tour am Sitz des Dienstes diese auf den Datenserver überspielen. Die Kabel wurden zugunsten einer Hot-Spot-Verbindung ausgetauscht. Wichtig war für Pflegekräfte und Leitungskraft, dass eine technische Anpassung möglich gewesen war.

Der ambulante Dienst E ist im ländlichen Raum angesiedelt. Positiv wurde mit Blick auf die zum Teil entlegenen Wohnorte der Klienten die Navigationsfunktion des mobilen Endgerätes bewertet. Doch auch hier wurde von Problemen mit der Netzverbindung und der Datensynchronisation berichtet:

„Am besten morgens schon eine Stunde früher aufstehen, um das Handy zu starten [...] manchmal hört es nicht auf zu synchronisieren. Da ich aber morgens um viertel vor sieben schon andrücken muss, wenn ich beim ersten Patient bin, dann ist es im System manchmal schon 49 oder so, weil das Handy nicht in die Gänge gekommen ist." (Pflegekraft 5E)

Durch die Verzögerungen der Einsatzbereitschaft der Geräte werden unter Umständen die Leistungszeiten nicht korrekt erfasst. Diese Insuffizienzen der Datenübertragung über das Mobilfunknetz erweisen sich für die Mitarbeiter/innen des Dienstes als ein Hemmschuh für die Gebrauchstauglichkeit des Systems. Aufgrund der in diesem Betrieb nur schwach entwickelten Strategie für den Technikeinsatz waren allerdings auch keine Ansatzpunkte erkennbar, die technischen Probleme zu beheben. Die Pflegekräfte reklamierten vor diesem Hintergrund eine Evaluation der Anwendungserfahrungen und eine neue Entscheidung über die Einstellung oder den Weiterbetrieb des Systems.

Die Gebrauchstauglichkeit technischer Geräte hängt jedoch nicht allein von den technischen Voraussetzungen ab. Berichtet wurden auch individuelle Fehlerquellen, die zu einer Beeinträchtigung der Funktionalität führen können:

„Mir passiert das oft, beim Patienten zu vergessen, den Einsatz zu starten oder zu beenden. Es ist halt immer blöd, weil Du musst dann etwas dazu schreiben, weil anders sagen die ‚du warst jetzt eine ganze Stunde dort gewesen und geplant waren 20 Minuten'.[...] und ich schreibe mir ganz ehrlich nicht jeden Tag auf, was da dann wirklich immer war. Oder ich hatte vergessen, es aufzuladen und beim zweiten Patienten war es aus." (Pflegekraft 2E)

„Bis um halb elf, elf Uhr, kriege ich das noch hin, aber dann fängt das an, wo man am Telefonieren ist, [...] wo du schon wieder so viel Input hast von dem ganzen Morgen. Dann geht das los, wo man ab einer gewissen Uhrzeit kein Auge mehr dafür hat." (Pflegekraft 5E)

Sowohl die als Endgeräte dienenden Smartphones wie auch die Software sind vor Bedienfehlern der Nutzer nicht gefeit. Dies kann zum temporären Totalausfall der Geräte führen oder aber einen erheblichen Begründungsaufwand nach sich ziehen, wenn die Leistungszeiten nicht korrekt erfasst sind. Schließlich wird der Faktor der „Ablenkung" durch die Vielzahl von Aufgaben thematisiert. Dass eine solche Ablenkung von der korrekten Nutzung des Geräts überhaupt möglich ist, deutet auf eine mangelhafte Einpassung des IT-gestützten Dokumentationssystems in die Arbeitsabläufe hin – etwa die mangelnde Verbindlichkeit und Legitimation der Anwendung aufgrund der bei diesem Dienst praktizierten Doppelstrukturen von papierener und digitaler Dokumentation.

Effizienzsteigerung in der Dokumentation

Eines der wesentlichen Versprechen der computergestützten Dokumentation ist die Erhöhung der Arbeitsproduktivität in der Pflege durch eine im Vergleich zur papierbasierten Pflegedokumentation schnelleren und präziseren Erfassung der Daten. Dieses Versprechen ist aus Sicht der befragten Pflegefach- und Leitungskräfte zumindest teilweise eingelöst worden. Ein wichtiger Aspekt besteht dabei darin, dass die Dokumentation nun zeitlich deutlich enger an den Arbeitsprozess angebunden wird. Dies wurde aus dem ambulanten und stationären Sektor und bei der Nutzung mobiler Endgeräte oder von Erfassungsgeräten in den Fluren gleichermaßen bestätigt.

„Sie haben ja diese Handys, diese PDAs dabei, also dass sie eine Leistung erbringen und sie auch direkt abzeichnen können. Sodass man jetzt eine zeitnahe Dokumentation hat. Früher wurde mittags irgendwann alles gemacht, das ist jetzt so nicht mehr." (Leitungskraft A)

Jedoch variiert die *Zeitnähe* der Dokumentation offenbar danach, welche Gestalt die Hardware besitzt. So werden in Falleinrichtung D die Erfassungsgeräte nicht von der Pflegekraft mitgeführt, sondern sie sind in den Fluren jedes Wohnbereiches angebracht. Diese technische Umsetzung lässt die Pflegekräfte die Pflegearbeit eher noch blocken und einzelne kurze Phasen für die Dokumentation einplanen.

„Ich beende die Pflege schon komplett und dann hake ich bis zehn Uhr die Prophylaxen, RR gemessen schon auf einmal ab und dann kommt dann halt um 12 Uhr ‚Medgabe Mittagessen', oder ‚Mittagsruhe', das hakt man dann erst im Nachhinein wieder ab, das bleibt dann erstmal stehen, bis man es gemacht hat. Es ist jetzt nicht so, dass man für jede Tätigkeit aus dem Zimmer läuft und direkt sein Handzeichen macht." (Pflegekraft 2D)

Sobald die Datenerfassung nicht in einfacher Form unmittelbar „bedside" nach der Leistungserbringung erledigt werden kann und die Pflegearbeit für die Dokumentation unterbrochen werden muss (z.B. weil man das Pflegezimmer verlassen muss), besteht offenbar die Tendenz, die Pflegearbeit zunächst „ungestört" erledigen und die Dokumentation anschließend vornehmen zu wollen. Damit verbindet sich die Praxis, wie schon bei der Nutzung papierener Dokumentationssysteme, informelle Doppelstrukturen der Dokumentation zu führen – etwa Notizhefte, in denen die Vitalwerte vorübergehend festgehalten werden.

Neben der größeren Zeitnähe berichteten die Befragten über eine *Vereinfachung und eine Reduzierung des Zeitaufwands* für die Dokumentation. Dies gründet sich vor allem darauf, dass mit den EDV-gestützten Systemen verschiedene Leistungen en bloc erfasst werden können.

„Wenn man einen Hauptbegriff, jetzt zum Beispiel Körperpflege, abzeichnet, fällt alles Kleinere darunter, wie Zähne putzen, das ist alles mit einem Mal abgehakt. Man macht praktisch einen Klick für sechs oder sieben verschiedene Arbeitsgänge." (Pflegekraft 1A)

Die vereinfachte und zeitnahe Leistungserfassung wurde als eine deutliche Erleichterung der Arbeit beschrieben.

„Sie haben den Vorteil, Sie kommen von der Tour, drücken auf Einsatzende und haben Pause. Früher war es so, du kamst von der Tour und dann ging der ganze Dokumentationsmist los. [...] und Zettelchen hier und Blutdruck da und wo ist der nächste Zettel hin [...] Jetzt kann man kann sich drauf verlassen und das beruhigt schon." (Pflegekraft 5F)

Die Entlastung zeigt sich als zeitliche Entzerrung, aber auch als eine Entlastung vom Verantwortungsdruck, alle Daten am Ende einer Schicht für die Dokumentation noch verfügbar zu haben.

Die Leistungserfassung und die Abzeichnung der durchgeführten Maßnahmen machen jedoch nur einen Teil des Dokumentationsaufwandes aus. Die Maßnahmendurchführung basiert auf einer detaillierten Pflegeplanung, welche ebenfalls mit Hilfe der IT-Systeme erstellt werden muss. Auch hier wird von *Vereinfachungen und Zeitgewinnen in der Pflegeplanung* berichtet:

„Früher hatte man einen Bürotag im Monat für seine Pflegeplanung, diese sieben Stunden brauchte man aber auch, um seine Pflegeplanung zu überarbeiten. Heute macht man das in drei, vier Stunden und man hat dann den Rest des Tages Zeit für die Bewohner [...] man kann jederzeit etwas ändern, ohne dass man das Papier wieder neu schreiben muss, und man erkennt auch das Individuelle, das wird wieder andersfarbig hervorgehoben. [...] Man kann aus diesem Punkt rausfiltrieren, dass der Bewohner ja gar nicht um sieben aufstehen will, der will vielleicht länger schlafen." (Pflegekraft 2D)

Für die Pflegeplanung zeichnen sich Effizienzgewinne in zweierlei Hinsicht ab: Zum einen scheint der Zeitaufwand gegenüber der händischen Aufschreibung und Überarbeitung auf Papier deutlich reduziert werden zu können. Je nach Ausführung der Software werden die Ermittlung von Risiken, die Erstellung von Pflegediagnosen und die entsprechenden Maßnahmenplanungen durch die Bereitstellung von Textbausteinen (teil-)automatisiert durchgeführt und dadurch beschleunigt.

Mit der vereinfachten Erstellung der Planung korrespondiert zum anderen, dass auch Änderungen und Anpassungen vorgenommen werden können, ohne die gesamte Planung neu schreiben zu müssen. Im Sinne der Pflegebedürftigen wird darüber hinaus als ein Vorteil argumentiert, dass durch die Auswertung von Aktivitätsmustern eine individuelle Anpassung von Tagesrhythmus und von Pflegeaktivitäten an die Bedürfnisse und Neigungen der zu Pflegenden unterstützt werden kann – das Verhältnis von Standardisierung und Individualität variiert offenbar auch von System zu System (siehe Abschnitt zur Standardisierung weiter unten).

Es wurden jedoch nicht nur Effizienzgewinne für die Durchführung der eigentlichen Dokumentation berichtet, sondern auch für die Ablaufprozesse in den Einrichtungen. So wurden die persönlichen *Übergabegespräche zwischen den Schichten* gestrichen, verkürzt und in veränderter Form durchgeführt:

„Alle Mitarbeiter, die an der Übergabe teilnehmen, werden [im System] aufgerufen und müssen das auch bestätigen. Hat auch den Vorteil für diese kurzen Dienste, gerade auch im Spätdienst, wenn einer später kommt, dass derjenige, wenn er sich einloggt, diese Übergabe erstmal lesen und dann auch bestätigen muss." (Leitungskraft D)

„Wir sind hier ein Bereich von 30 Bewohnern, früher ist man auch wirklich diese Bewohner durchgegangen, auch wenn dann nichts gewesen ist. Jetzt macht man nur noch das Wichtigste, was halt eingetragen ist [...] Zwanzig Minuten höchstens. Früher hat man wirklich manchmal eine Stunde Übergabe gemacht." (Pflegekraft 2D)

Für die Informationsweitergabe zwischen den Arbeitsschichten hat das EDV-System eine offenbar wichtige Rolle gewonnen: Zum einen werden an Hand der Einträge nur noch Abweichungen und besondere Vorkommnisse, also Auffälligkeiten bei den Bewohnern bzw. Klienten angesprochen. Dadurch wird der Zeiteinsatz für die Übergabesitzungen reduziert. Zum anderen wird die Informationsweitergabe durch das System übernommen – Mitarbeiter/innen, die an der Übergabesitzung nicht teilnehmen können, haben eine „Holschuld", sich im System zu informieren und dies auch zu bestätigen. In der Falleinrichtung A war

man dazu übergegangen, auf die Übergabe zwischen dem Nacht- und dem Früh-
dienst ganz zu verzichten. Allerdings hatte man dort die Übergabe zwischen
Früh- und Spätschicht bewusst in vollem Umfang beibehalten, um eine Möglichkeit für Kommunikation und Austausch zwischen den Pflegekräften zu erhalten. Im Pflegedienst F verwies das Management darauf, dass die Einführung
der EDV-gestützten Pflegedokumentation zudem erheblich dazu beigetragen
habe, die Zahl der Überstunden zu reduzieren, die sonst auch durch die Doku-
mentationsarbeiten angefallen waren.

Für die ambulante Versorgung zeigt das Beispiel des Pflegedienstes E, dass
die online angebundenen mobilen Endgeräte dazu genutzt werden konnten, die
Pflegekräfte kurzfristig mit Informationen zu Routenänderungen oder neuen
Pflegebedarfen zu versorgen:

> „Wenn jemand einspringen muss, kann ich am PC den Mitarbeiter eingeben, dann
> muss der jetzt nicht erst hier auf Station vorbei kommen, sich den Plan abholen
> usw., sondern er kann auf seinem Handy direkt gucken, da ist die Tour dann auf-
> gespielt, dann weiß er, wo er hin muss." (Leitungskraft E)

Auch dieses Beispiel verweist auf die Potenziale, mittels der Informations- und
Kommunikationstechnologie das *Informationsmanagement und die Tourensteue-
rung* zu vereinfachen und im mobilen Einsatz Wegezeiten zu reduzieren. Wie
oben dargestellt, liegen die Begrenzungen in der praktischen Handhabbarkeit der
Geräte und der flächendeckenden Verfügbarkeit von Mobilfunknetzen.

In den untersuchten Einrichtungen wurde nur beim Pflegedienst F die Pflegedokumentation mit administrativen Funktionen verknüpft. Hier konnte auch
der *administrative Aufwand gesenkt* werden:

> „Wenn ich dieses Modul Verwaltung nicht hätte, wäre ich untergegangen. Alleine
> durch diesen wahnsinnigen Aufwand in der Abrechnung, da jeden einzelnen
> Leistungsnachweis zu prüfen und die Daten zu berichtigen. Da wirklich jeden
> Einsatz zu gucken, stimmt das überwiegend, stimmt das überwiegend – das ist ja
> alles nicht mehr. Das ist ja das Schöne, die Istzeit wird automatisch übernommen
> und die Istzeit wird dann über den Datenträgeraustausch an die Kassen übermit-
> telt." (Leitungskraft F)

In der Administration der Einrichtungen und Dienste liegen offenbar weitere, in
der Breite bisher noch nicht ausgeschöpfte Potenziale zur Effizienzsteigerung.
Eine Verknüpfung von Pflegedokumentation und administrativen Funktionen ist
von der software-technischen Seite her bei vielen Anbietern möglich, wird allerdings bisher offenbar nicht durchgehend realisiert. Insbesondere die Rahmenbedingungen zum Datenträgeraustausch der ambulanten Dienste waren aus Sicht
der befragten Akteure ein Hemmschuh, die Pflegedokumentation und die Abrechnung der Leistungen voll digitalisiert abzuwickeln.

Die Möglichkeiten zur zeitnahen und präzisen Dokumentation fordern aber auch eine ebensolche Dokumentationspraxis:

„Wenn der MDK kommt, dann bin ich verratzt. Die Dokumentation muss dann stimmen, ich kann nichts mehr nachtragen, was einen ja früher immer so ein bisschen gerettet hat. Das geht aber jetzt nicht mehr." (Leitungskraft A)

Berichtet wurde, dass in der Welt der Dokumentation auf Papier bei anstehenden Prüfbesuchen des MDK häufig noch kurzfristig und nicht selten über Nacht die Dokumentation „auf den Stand" gebracht wurde. Die EDV-gestützten Systeme allerdings erlauben nur mit einer sehr begrenzten Fristigkeit das Nachtragen von Leistungen und Vitalwerten. Bei den Begutachtungen der Prüfbehörden wird vor allem die Dokumentation auf ihre Konsistenz und Vollständigkeit hin überprüft. Liegen Fehler oder Lücken in der Dokumentation vor, so kommen die Akteure in den Einrichtungen in Erklärungsnotstand, dass nicht auch in der realen Welt der Pflegepraxis Mängel bestehen. Insofern rückt die „Richtigkeit" und Vollständigkeit der Dokumentation gerade bei IT-gestützten Systemen noch stärker in den Mittelpunkt der Aufmerksamkeit der betrieblichen Akteure. Ob darin ein neuer, technisch induzierter Aufwand liegt, der den Effizienzgewinnen zuwiderläuft, ist nur schwer abzuschätzen.

In der Literatur wird die Frage, welche Zeit- und Effizienzgewinne eine IT-gestützte Pflegedokumentation bringt, zwar unterschiedlich beantwortet.[20] In der vorliegenden Befragung jedoch wurden für diejenigen Systeme, die ohne papierene Doppelstrukturen eingeführt wurden und zuverlässig funktionierten, überwiegend positive Effekte berichtet, insbesondere was die Vereinfachung, Beschleunigung und die größere Zeitnähe der Dokumentation zu den Pflegehandlungen anbelangt. Diese Aspekte wurden von den Pflegekräften zudem als eine Entlastung in der Dokumentationsarbeit wahrgenommen.

Neue Transparenz der Leistungsprozesse

Mit der Digitalisierung werden die Daten für die Pflegedokumentation nicht nur schneller erhoben. Sie sind auch für jeden Klienten in einer zuvor nicht gekannten Form „auf Knopfdruck" verfügbar. Dies eröffnet nicht nur neue Potenziale zur Überprüfung der Pflegequalität, sondern auch zur Kontrolle und Steuerung der Pflegearbeit.[21] Im Folgenden wird ausgeführt, wie diese neue Transparenz

---

20   So verzeichnen etwa die Übersichtsarbeiten von Poissant et al. (2005) und Zieme (2010) überwiegend positive Effekte, während die Studie von Albrecht et al. (2010) auf neutrale oder negative Effekte hinweist (vgl. zusammenfassend auch Hielscher 2014).

21   Interessant ist an dieser Stelle die Frage, ob die Einführung und Nutzung von EDV-gestützten Dokumentationssystemen in den Bereich der Mitbestimmungspflicht fallen könnte. Nach §87 BetrVG besteht ein Mitbestimmungsrecht bei der Einführung und

von Leitungskräften und Pflegepersonal gesehen wird und inwiefern die technischen Systeme eine Eigenlogik der Kontrolle entwickeln.

Seitens der Leitungskräfte vor allem in den stationären Einrichtungen wurde zunächst hervorgehoben, wie durch die Datenverfügbarkeit in Echtzeit die Informationsmöglichkeiten erweitert und vereinfacht werden:

„Unser Haus hat 137 Bewohner, da habe ich natürlich einen wahnsinnig schnellen Überblick. Ich erkenne direkt morgens innerhalb von einer halben Stunde, wenn ich alle Übergaben von jedem Wohnbereich lese, was läuft in meinem Haus. [...] Das ist natürlich unheimlich zeitsparend, weil sonst bin ich drei Stunden unterwegs, um mir einen Überblick zu verschaffen." (Leitungskraft A)

Zwar war es auch bei der Nutzung papiergestützter Dokumentationssysteme möglich, den Stand der Durchführung von Maßnahmen zu überprüfen. Dies musste allerdings durch zeitaufwändige Recherche und Rücksprachen auf den jeweiligen Wohnbereichen vor Ort passieren und war bestenfalls ex post in stichprobenartiger Form möglich. Die EDV-gestützte Kombination von zeitnaher Dokumentation und der informationstechnischen Verarbeitung der Daten erlaubt es, die Entwicklung von Vitaldaten und den Fortgang der Durchführung von Pflegemaßnahmen für alle Bewohner (und für alle Mitarbeiter/innen) unmittelbar, beinahe in Echtzeit zu verfolgen. Sind bestimmte Maßnahmen nicht bis zu ihrem Planungszeitpunkt durchgeführt, erscheint in der Darstellung des Systems ein rotes Ampelsymbol. Solche kleinen Abweichungen passieren im Pflegealltag ständig; sie können aus spontanen Bedarfslagen der Pflegebedürftigen genauso entspringen wie durch Variationen oder Verzögerungen des Arbeitsablaufes: „Der Mitarbeiter wird gläsern" (Leitungskraft A). Für die Leitungskräfte stellt sich angesichts dieser Transparenz die Frage, bei welchem Grad von

---

Anwendung von technischen Überwachungseinrichtungen, die dazu bestimmt sind, das Verhalten oder die Leistung der Arbeitnehmer zu überwachen. Zwar stehen für die Intention zur Nutzung EDV-gestützter Dokumentationssysteme wohl kaum die Überwachungsmöglichkeiten des Personals im Vordergrund, sie sind allerdings, wie die Befunde zeigen, faktisch durchaus gegeben. Kommentatoren verweisen darauf, dass nach dem Bundesarbeitsgericht technische Überwachung sich in drei Phasen (als Erhebung von Leistungsdaten, als Speicherung und Verarbeitung der Daten und als Auswertung der Daten durch einen Menschen) vollzieht. Das Mitbestimmungsrecht des Betriebsrates trete bereits ein, wenn die technische Einrichtung nur in einer dieser Phasen genutzt werde (www.kanzlei-hessling.de; zuletzt aufgesucht am 17.8.2015).
Diese Problematik wurde von den befragten Akteuren allerdings nicht thematisiert. Auch im Rahmen einer entsprechenden Recherche zu Fachbeiträgen oder gewerkschaftlichen Stellungnahmen ließen sich keine Hinweise finden. Zudem sind betriebliche Interessenvertretungen in den Einrichtungen der Pflege nur schwach präsent, so dass eine Thematisierung der Mitbestimmungsfrage bisher möglicherweise ausgeblieben ist.

Abweichungen Interventionen veranlasst werden sollen, bzw. wie die Arbeit in den Einrichtungen gesteuert werden kann (siehe unten).

Seitens der befragten Pflegekräfte wurde diese neue Transparenz der Arbeit nur wenig problematisiert.

Frage: „Was passiert, wenn Sie jetzt beim Patienten, sage ich mal, 15 Minuten länger brauchen?"

„Dann brauchen wir die länger." (Pflegekraft 5F)

Frage: „Da haben Sie keine Angst, dass ihr Chef kommt und sagt: ‚warum brauchen Sie denn hier immer 15 Minuten länger'?"

„Nein, das gibt es bei uns nicht. Wenn es dem Patienten schlecht geht, dann ist das eher so, dass man irgendwo anruft ‚ich bin hier in totalem Zeitverzug, könnt ihr mir was abnehmen?' Oder der kommt und kommt nicht von der Tour wieder und die anderen sind alle schon drin. Dass die Mädels von drinnen dann anrufen: ‚ist was passiert, brauchst du Hilfe'?" (Pflegekraft 1F)

Zunächst einmal wurde von den befragten Pflegekräften durchgehend der situative Bedarf des zu Pflegenden als gegenüber den Planzahlen prioritär beschrieben. Aus fachprofessioneller Perspektive heraus notwendiger Mehraufwand oder Abweichungen von den Vorgaben der Pflegeplanung galten gegenüber einer (starren) Maßnahmenplanung eindeutig als vorrangig. In drei der vier Falleinrichtungen, die mit einer digitalen Datenerfassung arbeiten, wurde ein Kontrolldruck durch die Pflegekräfte nur wenig problematisiert. In den Befragungen wurde deutlich, dass zwei wichtige Faktoren zu dieser Akzeptanz der Transparenz in der Pflegearbeit beigetragen haben: Zum einen bestand ein stabiles Vertrauensverhältnis zwischen den Belegschaften und den Führungskräften und die Leitungskräfte hatten auf Anwendungsfehler oder technische Optimierungsbedarfe in erkennbar unterstützender Form reagiert. Zum anderen war die Dokumentationssoftware so ausgelegt, dass Abweichungen aus der Pflegepraxis heraus im Dokumentationssystem vermerkt und begründet werden konnten – also die Dokumentation an die Kontingenzen des Alltags adaptierbar war. Dieser Schnittpunkt zwischen Führungshandeln und technischer Funktionalität war ein wesentlicher Schlüssel für die Akzeptanz und die erfolgreiche Nutzung der digitalen Dokumentation.

Kontrastiv dazu stehen die Erfahrungen der Pflegekräfte in der Falleinrichtung E. Dort wurde die digitale Leistungserfassung als eine technische Kontrolle der Pflegearbeit wahrgenommen.

„Wenn ich im Einsatz bin und der Angehörige fragt mich noch was und ich rede mit dem fünf oder zehn Minuten; dann läuft eigentlich schon die Fahrzeit zum nächsten, und ich schreibe mir nicht immer auf, mit wem ich mal wann was rede und dann heißt es ‚wieso hast du da jetzt eine Viertelstunde Fahrzeit gebraucht statt fünf Minuten, die eigentlich in dem Handy vorgegeben sind.' Und das setzt mich dann unter Druck, wo ich dann schon immer auf die Uhr gucke und denke, nein du musst jetzt fahren, sonst, ja." (Pflegekraft 3E)

Vor Einführung der digitalen Dokumentation war der zeitliche Ablauf der Touren gewissermaßen eine „Black-Box": Die Pflegekräfte hatten eine bestimmte Anzahl von Klienten zu versorgen und dafür ein Zeitkontingent zur Verfügung. Welcher Zeitaufwand für bestimmte Klienten tatsächlich anfiel und wie zwischen einem Mehraufwand bei dem Einen und einem Minderaufwand bei der Anderen balanciert wurde, blieb der Disposition der einzelnen Pflegekraft überlassen. Über die mobilen Endgeräte wird den Pflegekräften nun die Differenz zwischen dem zeitlichen Soll und Ist permanent angezeigt; zudem muss jeder Einsatzbeginn und jedes Einsatzende „abgedrückt" werden, sodass die faktischen Einsatzzeiten vor Ort transparent und gegebenenfalls begründungspflichtig werden. Wenn diese Daten aus Sicht der Mitarbeiter/innen wenig sensibel zu Kontrollzwecken genutzt werden („Ich bin schon gefragt worden, warum da, warum da, warum da." Pflegekraft 5E), dann wird mit der IT-gestützten Dokumentation unter Umständen eine Zunahme von Arbeits- und Zeitdruck verbunden. Im Zusammenhang mit der zeitlichen Kontrolle wurde darüber hinaus über subtile Veränderungen der Zeitwahrnehmung berichtet: „Ich denke nur noch in Minuten, ich denke nicht mehr viertel vor, halb; nein, es ist jetzt 38, 37, in zwei Minuten, so denke ich schon" (Pflegekraft 5E). Ebenso wurde angesichts des wahrgenommenen Kontrolldrucks die bisher gängige Praxis eingestellt, gelegentliche Zeitpuffer für Alltagsbesorgungen wie z.B. kleine Einkäufe während der Touren zu nutzen.

Über die Erfassung der Leistungszeiten hinausgehend waren die Endgeräte mit weiteren Assistenzfunktionen ausgestattet. So war eine Erinnerungsfunktion programmiert, die über einen akustischen Gong den baldigen Ablauf der Planzeiten für die gebuchte Pflegeleistung beim Klienten signalisiert.

„Bei mir klingelt es, bevor die Zeit abläuft, fünf Minuten vorher piept er dann [...] Das setzt Dich aber unter Druck, wenn das bimmelt und du hast nur noch fünf Minuten und du weißt genau, ‚ich brauche jetzt aber noch zehn Minuten' oder eine viertel Stunde." (Pflegekraft 3E)

Die durch das Gerät gesetzte akustische Erinnerung an die Planzeiten wurde von den Pflegekräften einhellig als eine Verschärfung des Zeitdrucks und der Kontrolle ihrer Arbeitsverrichtungen erlebt – ohne dass eine Verschärfung der ohnehin ja bestehenden Zeitvorgaben stattgefunden hatte. In der Folge wurden verschiedene Strategien in der Handhabung der Geräte erkennbar, mit denen die Pflegekräfte die erlebte Kontrolle zu reduzieren versuchten. So wurde von mehreren Befragten berichtet, dass sie das Gerät im Auto liegen lassen, um sich durch die Erinnerungsfunktion nicht unter Druck setzen zu lassen. Beginn und Ende des Einsatzes werden dann ausschließlich außerhalb der Häuslichkeit der Klienten dokumentiert. In einem Fall hatte eine Pflegekraft die Systemeinstellungen des Gerätes verändert und die GPS-Funktion deaktiviert, um einer technisch möglichen Ortung durch die Leitungskräfte des Pflegedienstes zu entgehen.

Ein wichtiges Anliegen war den Pflegekräften, dass durch die IT-gestützte Dokumentation und ihre Kontrollmöglichkeiten keine finanziellen oder zeitlichen Nachteile für „ihre" Klienten entstehen.

> „Ich habe jemanden dabei, da dauert der Verband einfach. Ich kann nicht hexen, da brauche ich einfach meistens zehn Minuten, zwölf Minuten, 13 Minuten mehr, es ist einfach so. Jetzt bin ich so schlau und mache den dann nach Feierabend und drücke dann dort halt ab und mache die letzten Minuten dann auf meine Kappe." (Pflegekraft 5E)

In diesem Fall wurde individuell die Tour geändert und unbezahlte Mehrarbeit eingesetzt, weil der reale Aufwand im System nicht abzubilden war. In anderen Fällen wurde der Einsatz bereits vorzeitig als beendet dokumentiert, obwohl die Pflegeleistungen oder Beratungsleistungen noch nicht vollständig erbracht waren.

> „Wenn du mit den Angehörigen noch ein paar Minuten redest, dann geht das auf die Zeit von den Leuten, das ist so ein bisschen ein Problem für mich. Dann heißt es ‚wir haben dort aber nur 30 Minuten, wieso war dort mehrmals 35', weil ich auch so ein bisschen an das Geld von den Leuten denke. [...] Dann habe ich [das Handy] in der Tasche und drücke mal so ein bisschen [...] Es hatten mehrere Kolleg/inn/en ein bisschen länger und dann heißt es, die müssen mehr bezahlen und ich denke, das haben wir dann diesem Handy da zu verdanken. Weil die Leute manchmal gerne ein wenig reden." (Pflegekraft 2E)

Die geforderte präzise Zeiterfassung hat aus Sicht der Pflegekräfte weit reichende, unter Umständen auch finanzielle Folgen für die Klienten. Durch eine flexible Erfassung der Zeit wird versucht, diese Folgen abzumildern oder zu vermeiden. Die Pflegekräfte kennen ihre Klienten häufig über einen Zeitraum von mehreren Jahren. Der vermutlich aus diesem persönlichen Kontakt heraus resultierende Impetus, finanzielle Belastungen zu vermeiden, steht in direktem Gegensatz zu dem betriebswirtschaftlichen Ziel, über die exakte Zeiterfassung ungenutzte Kapazitäten zu identifizieren und die Auslastung des Betriebs zu verbessern (siehe nachfolgender Abschnitt).

Unterstützung von Einstufungsmanagement und Leistungsabrechnung

Bereits weiter oben wurde gezeigt, dass die EDV-gestützten Systeme weit über die eigentliche Dokumentationsfunktion hinausreichen, etwa indem sie auch administrative Prozesse unterstützen. Im Folgenden geht es um die betriebswirtschaftlichen Effekte der Pflegedokumentation. Es wird dargestellt, wie die digitale Dokumentation auch dazu genutzt wurde, über eine einheitliche und präzise Abbildung der Leistungen die Refinanzierung der Einrichtungen und Dienste zu verbessern.

Für die stationären Einrichtungen verbessert sich die Finanzierungsgrundlage in dem Maße, wie es gelingt, Bewohner/innen mit einer hohen Pflegestufe (und entsprechend höheren Pflegesätzen) unterzubringen. Das Einstufungsmanagement, also die Beantragung, Begutachtung und Höherstufung der Pflegebedürftigen ist daher eine wichtige Aufgabe der Leitungskräfte in den Einrichtungen. Hierfür gewinnt die Dokumentation eine zentrale Rolle.

„Wenn Sie eine Pflegestufe Eins bei einem Bewohner haben, Sie aber mehr Hilfeleistungen erbringen, zeigt Ihnen das System an, dass der Bewohner schon in Pflegestufe Zwei sein müsste. Das verschafft uns Orientierung, hier müsste ein Höherstufungsantrag gestellt werden." (Leitungskraft A)

Aus den stationären Einrichtungen wurde berichtet, dass mittels der EDV-gestützten Dokumentation die Argumentation gegenüber den Prüfbehörden gestützt werden konnte, durch Höherstufungen eine realistische Anpassung der Finanzierung von Pflegeleistungen an die Bedarfe der Pflegebedürftigen zu erreichen. Das System kann insofern mittelbar dazu beitragen, die Personalausstattung der Einrichtungen zu verbessern. Die Reichweite dieses Effektes hängt vom zum Zeitpunkt der Umstellung von papierene auf digitale Verfahren bereits erreichten Qualitätsniveau der Dokumentation ab: So sahen die befragten Leitungskräfte der Falleinrichtung D nur geringe Effekte der EDV für das Einstufungsmanagement, weil nach eigener Einschätzung das bereits zuvor hergestellte Qualitätsniveau der Dokumentation durch die Einführung des IT-Systems kaum noch gesteigert werden konnte.

Auch im ambulanten Bereich konnte die digitale Dokumentation für eine Verbesserung des Umsatzes genutzt werden.

„Wir müssen ja die Leistungen vertraglich vereinbaren. Wenn es sich herausstellt, dass noch zusätzliche Leistungen erbracht werden, dann kommen wir mit dem Patienten ins Gespräch und sagen ,hier, diese Leistung, die zusätzlich erbracht wird, die müssen wir berechnen'." (Leitungskraft E)

Diese Strategie, über die Sichtbarmachung der realen Präsenzzeiten den Klienten zusätzliche Leistungen zum Kauf anzubieten, wird – wie bereits dargestellt – von den Pflegekräften nicht unbedingt mitgetragen. Doch auch für die Dienste als Unternehmen besteht das Risiko, Kunden zu verlieren, wenn durch die Pflegekräfte erbrachte Leistungen, die bisher quasi „mitgelaufen" sind, nunmehr zusätzlich bezahlt werden sollen. Insofern ist es eine naheliegende Strategie für die Dienste, ihre Klienten in Richtung Höherstufung zu beraten, damit diese über entsprechend höhere Zahlungen der Pflegekasse in die Lage versetzt werden, zusätzliche Leistungen des Pflegedienstes einzukaufen.

> „Das gibt es natürlich auch, dass ich vielleicht in der Sollzeit 25 Minuten zur Verfügung habe und jeden Tag ist ein Mitarbeiter übertrieben gesagt 45 Minuten dort. Dann schaut man schon, was für Leistungen sind geplant, was für Leistungen werden erbracht, wo ist jetzt noch Bedarf. Man überlegt sich, ehe ein Angehöriger oder Klient darauf kommt, ist da vielleicht schon eine Höherstufung drin. Also in erster Linie immer zu gucken, was ist jetzt über die Leistungsträger drin, was steht dem Klienten zu, das ist ganz wichtig. Mein größtes Ziel ist, diesen Eigenanteil vom Klienten so gering wie möglich zu halten. Was den Leuten zusteht, dass sollen sie auch erhalten." (Leitungskraft F)

Die Dokumentationssoftware kann zur Unterstützung ebendieser Prozesse genutzt werden, indem die Pflegeplanung angepasst und mit dem bisher bewilligten Pflegebedarf abgeglichen wird. Anhand der Erfahrungen und der Zeitdaten aus der Praxis kann eine prospektive Pflegeplanung angelegt werden, die wiederum von den Pflegebedürftigen und ihren Angehörigen in den Begutachtungsprozess des MDK eingebracht wird und die Differenzen zwischen dem realen und dem bisher dokumentierten Pflegebedarf reduzieren kann. Aus Sicht der Pflegedienste und der Pflegebedürftigen stellt eine solche Konstellation eine win-win-Situation dar, weil die Versorgungsleistungen für die Haushalte unter Umständen kostenneutral ausgeweitet und zugleich der Umsatz für den Pflegedienst gesteigert werden können.

Anforderungen an Arbeitsteilung und Führungshandeln

Bereits angesprochen wurde der Sachverhalt, dass durch die informationstechnische Erfassung, Verarbeitung und Darstellung der Daten eine Betrachtung der Maßnahmendurchführung und darüber auch der Pflegearbeit nahezu in Echtzeit möglich ist. Es potenziert sich zudem die Zahl der Fälle, in denen die Einrichtungsleitungen von Abweichungen zwischen Pflegeplanung und -realität überhaupt Kenntnis erhalten. Somit ist die Frage von Belang, wie die Führungskräfte in den Einrichtungen und Diensten dieses technologische Potenzial nutzen, um die Pflegearbeit zu steuern und die Qualität der Pflege zu sichern oder zu verbessern. Die befragten Pflegedienstleitungen, die in der operativen Steuerung für die Qualität der Pflege verantwortlich sind, sahen sich vor allem mit zwei wesentlichen Fragen konfrontiert, nämlich wie die Mitarbeiter/innen zu einer gewissenhaften und reflektierten Dokumentation motiviert werden können und wie auf Abweichungen von der Planung reagiert werden soll.

> „Ich sehe die Mängel vor Ort, habe aber eigentlich gar nicht die Zeit dafür, die entsprechenden Fachkräfte zu schulen oder runterzugehen: ‚Ihr habt da einen

Fehler gemacht', weil da stehen dann fünf Fragezeichen vor mir und die wissen gar nicht, was ich von ihnen will." (Leitungskraft A)

Die Führungskraft muss offenbar genau abwägen, in welcher Situation und ab welcher Schwelle von Abweichungen sie aufgrund der ihr vorliegenden Informationen steuernd eingreift. Sie geht in jedem Falle das Risiko ein, zum einen unvermittelt als Kontrolleur der Arbeit auftreten zu müssen und so als Führungskraft an Akzeptanz einzubüßen, und zum anderen, in einen interventionistischen Aktionismus zu geraten. Gerade in größeren Einrichtungen lässt es sich wohl kaum durchhalten, jeder relevanten Abweichung oder Lücken in der Pflegeplanung nachzugehen.

„Ich gehe in erster Linie über die Wohnbereichsleitung. Das heißt ich sage, dass bei einer Fachkraft in ihrem Bereich da die Pflegeplanung demnächst abläuft oder auch schon abgelaufen ist. [...] Wir haben erkannt, dass die Fachkräfte das Controlling auch viel mehr für sich verinnerlichen müssen, nach jedem Dienst noch mal gucken müssen, ob auch wirklich alles erledigt ist." (Leitungskraft D)

Die Dezentralisierung der Führungsverantwortung ist ein Weg, um mit der wachsenden Komplexität an Informationen umzugehen. Dadurch kommen zum Beispiel den Wohnbereichsleitungen in stationären Einrichtungen Aufgaben der Qualitätssicherung zu, die bisher auf der Ebene der Pflegedienstleitung angesiedelt waren. Dies sind eher informelle Prozesse von Verschiebungen, die in der Anforderung münden, dass auch die Fachkräfte die Dokumentationsseite noch stärker als zentralen Teil ihrer Verantwortung betrachten sollen: Genauso wie die Pflegearbeit muss auch die Dokumentation am Ende des Arbeitstages sorgfältig erledigt sein.

Eine Alternative aus einem vergleichsweise kleinen ambulanten Dienst mit einer entsprechend deutlich schmaler gefassten Führungsspanne bestand darin, die persönliche Begleitung der Pflegekräfte auszuweiten:

„Ich gehe in die Praxis mit raus und gucke. Ich sage nicht unbedingt, wo liegen jetzt die Fehler, sondern: wie sind denn die Abläufe, was kann man optimieren? Vielleicht machen es ein oder zwei Mitarbeiter, die jetzt langsam arbeiten, richtig und die anderen sind zu schnell, das kann auch sein." (Leitungskraft F)

Den Hospitationen liegt ein zunächst verstehender Ansatz von Steuerung zugrunde, der auf die Praxis der Pflegearbeit fokussiert und weniger auf eine schnelle Beseitigung von SOLL-IST-Differenzen in der Dokumentation. Dies setzt freilich voraus, dass Führungskräfte über die zeitlichen Kapazitäten verfügen, solche Hospitationen auch durchführen zu können.

Ein anderer Aspekt betrifft die Bemühungen, die Dokumentationsqualität als solche abzusichern. Dies ist ein eigener Aufgabenstrang für die Führungskräfte, bzw. für spezialisierte Fachkräfte, die für die Dokumentationsqualität verantwortlich sind.

„[Manche] haben ja einfach ihr Zeichen gemacht. Wenn ich vorne hingeschrieben hätte, ‚Du bist blöd‘, hätten sie das auch noch mit abgezeichnet. Jetzt kann ich natürlich sagen, Du hast das abgezeichnet, genau diese Pflege, die hier beschrieben worden ist. Und wenn sie nicht so durchgeführt wurde, dann kann ich mir diejenige rufen und sagen: ‚Du hast hier eine Pflege abgehakt, was an der Basis nicht durchgeführt worden ist‘. Dann stutzen die und sind komplett aus ihrem Rhythmus gekommen.“ (Leitungskraft A)

Trotz der vereinfachten Erfassung der Daten scheint die Dokumentation für einen Teil der Pflegekräfte eine Pflichtübung, der nur eine begrenzte Aufmerksamkeit geschenkt wird. Dabei können durch ein nur routinemäßiges „Abhaken“ der geplanten Maßnahmen Inkonsistenzen in der Dokumentation entstehen, vor allem wenn Abweichungen nicht erfasst werden. Diese Inkonsistenzen aufzuspüren und auf Ihre Beseitigung hinzuarbeiten, ist eine Führungsaufgabe für die Pflegedienstleitung, die durch die Einführung der informationstechnisch gestützten Dokumentation an Relevanz gewonnen hat. Zwar ist es schon lange ein Anspruch der Pflegedokumentation, die Pflegequalität systematisch abzusichern und zu verbessern. Auch sind jeher die Vollständigkeit und Konsistenz der Daten wichtige Voraussetzungen dafür. Die über die Digitalisierung jedoch hergestellte Transparenz der Pflegedaten vervielfältigt für die Führungskräfte die Zahl der möglichen und notwendigen Interventionspunkte. Dies gilt sowohl für die Steuerung der Pflegearbeit wie auch für die Sicherstellung der Datenqualität.

Individuelle Voraussetzungen

Die Gebrauchstauglichkeit der EDV-Systeme hängt nicht nur von den technischen Spezifikationen und den organisatorischen Voraussetzungen in den Einrichtungen ab. Sie wird auch definiert durch die individuellen Ressourcen und Restriktionen, die die Anwender/innen mit sich bringen. Hier bestehen keine verlässlichen qualifikatorischen Standards, auf die Entwickler oder die Führungskräfte in den Einrichtungen aufsetzen können. So macht es die Vielzahl der Dokumentationssysteme am Markt nahezu unmöglich, Pflegekräfte in Aus-, Fort- und Weiterbildung für die Handhabung bestimmter Standardprogramme zu qualifizieren, wie es etwa für Anwendungsprogramme in der Bürokommunikation üblich geworden ist. Dieser eher formale Teil der Qualifizierung ließ sich aus Sicht der Führungskräfte noch durch interne Schulungen für das jeweils genutzte Dokumentationssystem lösen. Als Herausforderungen der EDV-Nutzung wurden jedoch auch die persönlichen Haltungen und Erfahrungen sowie ein (mangelndes) professionelles Prozessdenken thematisiert. Diese Aspekte sollen im Folgenden näher dargestellt werden.

Die IT-gestützte Dokumentation bedingt, dass die Pflegekräfte stationäre Computer oder mobile Endgeräte sicher bedienen können. Es überrascht wenig, dass für die Fähigkeiten zur Handhabung der Hard- und Software Vorerfahrungen eine wichtige Rolle spielen:

> „Die Leute, die nicht geübt sind mit einem Smartphone, die haben ja auch schon Probleme die Tastensperre wegzubekommen, oder wenn man da versucht zu scrollen." (Pflegekraft A)
>
> „Die Jungen, die konnten sich direkt mit dem System identifizieren und die Älteren haben sich schwer getan [...] Die hatten wirklich Angst vor diesem System." (Leitungskraft A)

Berichtet wurde, dass bei einem Teil der Pflegekräfte die Furcht bestand, die mit dem Dokumentationssystem verknüpften Anforderungen nicht zu beherrschen. Häufig waren dies ältere Mitarbeiter/innen, die im Alltag bisher weder einen Computer oder ein Smartphone genutzt hatten. Weiter oben wurde bereits dargestellt, wie auf diese Ausgangslage bereits während oder vor Einführung des Systems zu reagieren versucht wurde – etwa durch vorgeschaltete allgemeine Kurse zum Kennenlernen und zur Handhabung eines Computers.

Über diese individuelle Unsicherheit im Umgang mit der neuen Technologie hinausgehend wurde aber in Einzelfällen auch ein professionelles Selbstverständnis artikuliert, aus dem heraus Pflegearbeit und die Nutzung von Computern als ein Gegensatz verstanden wurde.

> „Ich habe anderes zu tun, als mich an den Computer zu setzen [...] wichtig ist die Arbeit draußen [...] Altenpflege ist Kontakt am Menschen und hat nichts mit Technik zu tun." (Pflegekraft C)

In dieser Perspektive erscheint die „Arbeit am Computer" als der „eigentlichen" Pflege etwas Fremdes. Nahezu alle interviewten Beschäftigten reklamierten die Interaktion zwischen der Pflegekraft und dem zu Pflegenden als einen nicht in Frage zu stellenden fachprofessionellen Kern des Pflegeberufs. Dennoch überwog eine pragmatische Haltung zur Technik: Das IT-System galt, ebenso wie die Dokumentation generell, als notwendiges Übel und stieß dann auf Akzeptanz, wenn es im Alltag der Pflege einen praktischen Nutzenwert bringen konnte. Nur vereinzelt wurde mit Verweis auf das fachprofessionelle Argument eine wie oben dargestellt explizit distanzierte Haltung zur Computernutzung in der Pflege eingenommen.

Die Erstellung einer Pflegeplanung und ihre systematische Evaluation gelten als eine der Grundanforderungen für die Arbeit von Pflegefachkräften. Die damit verbundenen Schreibanforderungen sind jedoch ebenfalls voraussetzungsvoll:

„Sie müssen aber auch anleiten mit der Formulierung der Sprache. Und dann müssen Sie vorsichtig vorgehen, wenn Sie am Anfang unsensibel sind, die schreiben Ihnen nichts mehr, weil die sich genieren." (Leitungskraft C)

Schriftliche Ausdrucksfähigkeit ist elementar, um Risikolagen und Maßnahmenplanungen präzise beschreiben zu können. Hier setzen IT-gestützte Assistenzfunktionen an, die die Pflegeplanung unterstützen sollen (siehe unten). Dennoch bleibt es offenbar eine Führungsanforderung, die Pflegekräfte auch bei der Formulierung der Pflegeplanung zu unterstützen bzw. zu begleiten, um die geforderte fachspezifische Ausdrucksfähigkeit zu entwickeln.

Die Pflegedokumentation umfasst jedoch mehr als die Pflege- und Maßnahmenplanung sowie die Erfassung der durchgeführten Pflegehandlungen und Vitalwerte. Ein Kern des Anspruchs an die gegenwärtige Dokumentation bildet die Evaluation und die Steuerung des Pflegeprozesses.

„Pflegeprozess ist ja das Ganze vom Bewohner, das fängt mit der Informationssammlung an, über Planung, die Durchführung und die Evaluation. Kompliziert ist es, den Bewohner zu beobachten, gezielt das individuelle Problem des Bewohners zu erfassen, ein realistisches Ziel zu formulieren, dann geeignete Interventionen zu finden, mit denen ich das Ziel erreichen kann, danach zu evaluieren und eventuell auch wieder in den Prozess einzusteigen." (Dokumentationsassistentin A)

Der hier beschriebenen Vorgehensweise liegt eine kybernetische Perspektive zu Grunde: Ausgehend von einer IST-Analyse wird ein systematischer Plan für die Interventionen angelegt, deren Umsetzung und Wirkungen evaluiert und für eine Prozessoptimierung genutzt werden. Dies bedeutet für die Pflegekräfte zum einen eine kognitive Herausforderung, nämlich die Pflegeinteraktion als einen zweckgerichteten, kontinuierlich zu optimierenden Prozess zu begreifen. Zum anderen stellt sich die operative Herausforderung, die Pflegedokumentation als Steuerungsinstrument für den Pflegeprozess zu betreiben und zu nutzen.

„Zur Pflegeprozesssteuerung. [...] sind ganz wenige in der Lage, vielleicht drei Prozent, nicht mehr. Das heißt, wir haben sehr gute Fachkräfte vor Ort, die machen eine tolle Pflege. Ich kriege es aber nicht auf Papier. Wenn der MDK kommt und sieht den Pflegeprozess, für den ist das jetzt überhaupt nicht rund, dabei ist dieser Mensch jetzt vor Ort von dieser Person gut gepflegt. Das heißt, ich brauche die ‚Mütter der Nation' auf dem Wohnbereich und die ‚Pflegeprozessplaner' im Dienstzimmer." (Leitungskraft A)

Die schlüssige Darstellung des Pflegeprozesses und der Steuerungsmaßnahmen in der Dokumentation ist eine in der Praxis offenbar schwierige Anforderung. Ein kybernetisches Verständnis der Pflegearbeit scheint nur wenig verbreitet zu sein; zudem erfordert das systematische Nachhalten der Dokumentation Zeitpotenziale, die nur bedingt vorhanden sind. Hier deutet sich eine gewisse Diskrepanz an zwischen einem der Dokumentation zugrunde liegenden Prozessmodell der Pflege und dem praktischen professionellen Pflegehandeln: Nach Ein-schätzungen der Leitungskräfte in verschiedenen befragten Einrichtungen leisten die Pflegekräfte als pragmatisch handelnde „Mütter der Nation" auch ohne ein prozessorientiertes Verständnis eine qualitativ hochwertige Pflege. Diese Quali-tät wird allerdings im Zuge des Pflegeprozesses nur bedingt erfasst. Friktionen ergeben sich dann, wenn aufgrund von Lücken oder Inkonsistenzen der Daten-lage durch die Prüfbehörden auf die reale Pflegesituation rückgeschlossen wird. Ein Lösungsansatz wird darin angedeutet, dass eine weitere funktionale Diffe-renzierung der Pflegekräfte in „Planer" und „Praktiker" angestrebt wird. Hierbei könnten aus Sicht der Befragten akademisch ausgebildete Pflegekräfte eine wichtige Rolle spielen.

Vermittlungsanforderungen

Die Dokumentation ist eine Tätigkeit, die bislang vor allem im stationären Be-reich abseits der Pflegeinteraktion stattgefunden hat. Die papierene Dokumenta-tion wurde zumeist am Ende der Arbeitsschicht im Dienstzimmer erledigt; im ambulanten Bereich wurde die Leistung auf den entsprechenden Leistungsnach-weisen handschriftlich vermerkt. Die Dokumentationstechnologie greift also, etwa im Unterschied zu Hebe- und Tragehilfen, nicht unmittelbar in die Pflege-interaktion ein. Dennoch war die Nutzung von Handys zur mobilen Datenerfas-sung den Klienten gegenüber zum Teil erläuterungsbedürftig.

> „Du stehst beim Patienten wie so ein 15jähriger: ‚Moment, hier mein Smart-phone'. Das sieht blöd aus, wenn man einfach beim Patienten da steht. Man sagt zwar, es ist das Diensthandy, aber trotzdem ist das unhöflich." (Pflegekraft 5E)
>
> „Ich mache es hinter der Haustür. In der Wohnung selbst nehme ich es nicht mehr gerne in die Hand, mache ich nicht, habe ich keine gute Erfahrung. [...] Ich habe auch schon öfters das Feedback bekommen: ‚ich habe gedacht, das wäre dein Pri-vathandy'. Dann sagt man halt ‚ne, das ist es nicht'. Dann sagen sie ‚ok', aber das ist lästig irgendwie." (Pflegekraft 2E)

Die Pflegekräfte dieses Dienstes äußerten ein gewisses Schamgefühl gegenüber den Angehörigen, das Smartphone in der Häuslichkeit zu nutzen. Das Gerät wurde von den Pflegekräften selbst, aber wohl auch von den Klienten mit einem technischen Artefakt assoziiert, das privat, in der Freizeit und vor allem von Ju-gendlichen genutzt wird. In dieser Situation müssen die Pflegekräfte den Ge-brauch des Gerätes erläutern und begründen. Eine Deutung des Handy als ein Arbeitsgerät hatte sich nicht durchgesetzt – deswegen wurde seine Anwendung in Gegenwart der Klienten auch als potenzielle Störung empfunden.

Die Erfahrungen im Pflegedienst F waren in diesem Punkt anders gelagert: „Das ist dasselbe, als hätte ich das Blatt in der Hand [...] nein, da ist nichts ko-misch." (Pflegekraft 5F). Hier war die Dokumentation auf Papier allerdings auch völlig abgeschafft und in der Häuslichkeit der Patienten ein Gerät zur digitalen Speicherung der Pflegedokumentation deponiert. Die digitale Datenerfassung bildete also den „Normalfall" bei den Besuchen des Pflegedienstes. Allerdings war bereits beim Erstbesuch des Dienstes eine Vermittlungsleistung vorausgegangen: Die Klienten bzw. ihre Angehörigen wurden in die Handhabung des in der Häuslichkeit verbleibenden Tablet-PCs durch die Pflegekräfte eingewiesen.

So scheint die Dokumentationstechnologie zumindest nach einer Umstellung auf EDV-Systeme zunächst durch das Pflegepersonal vermittlungsbedürftig. Ihre Nutzung muss entweder erläutert und legitimiert werden, oder es müssen die Klienten angeleitet werden, die Technologie selbst aktiv nutzen zu können.

Bereits im Abschnitt zur Transparenz der Leistungsprozesse wurde dargestellt, dass in einem Anwendungsfall das mobile Endgerät ein akustisches Erinnerungssignal zum Ablauf der Planzeiten aussendet. Dieses Signal wird auch von den Pflegebedürftigen und ihren Angehörigen sehr wohl registriert:

„Wir haben auch ein oder zwei Leute, die sagen so aus Spaß: ,oh, die Zeit ist vorbei'." (Pflegekraft 5E)

Dieses Beispiel zeigt, wie über diese rein technische Unterstützungsfunktionen die Kalkulation der Maßnahmenplanung auf die Pflegekräfte und auf die Pflegeinteraktion zurückwirkt. Ohne dass sich die zeitlichen Kalkulationen als solche ändern, wird der Faktor Zeit durch die Erinnerungsfunktion in die Pflegehandlungen hineintransportiert. Das Verhältnis von zeitlichem Soll und Ist wird über den Arbeitstag hinweg während der Pflegeverrichtungen bei jedem Klienten aktiv an die Pflegekräfte herangetragen. Mehr noch: Diese Funktion kehrt die „Innenseite" der Organisation des Pflegedienstleisters, nämlich die zeitliche Planung der Leistungsprozesse, nach außen. Das akustische Signal wird auch von den Klienten wahrgenommen und kann so zum Gegenstand der Pflegeinteraktion werden. Dies stellt die Pflegekräfte unter Umständen vor widersprüchliche Vermittlungsanforderungen: Sie müssen einerseits die über das Signal vermittelten zeitlichen Vorgaben erläutern und gleichzeitig um das Vertrauen werben, dass die pflegerische Versorgung dennoch bedarfs- und qualitätsgerecht ausgeführt wird. Die Pflegebedürftigen werden zugleich an die begrenzten Ressourcen erinnert, die ihnen als Pflegezeit zur Verfügung stehen.

Standardisierung und Individualität in der Pflegedokumentation

An die Individualität der Pflegeplanung werden hohe Ansprüche gestellt und über die Prüfbehörden nachgehalten. So muss ein individueller Pflegeplan erstellt werden, welcher bei jedem Pflegebedürftigen dessen Pflegeprobleme und Ressourcen erfasst und die Pflegeziele sowie dazu notwendige Maßnahmen festlegt. Hierzu muss eine Vielzahl von biografischen Informationen in die Dokumentation einfließen.

„Sie formulieren ja alles rein: ‚trägt Röcke, trägt das Haar nach hinten, ist ge-
pierct, wünscht roten Lippenstift, will um acht Uhr aufstehen, will um sieben Uhr
ins Bett, hat immer fern gesehen, hat fünf Kinder, es kommt keiner zu Besuch,
Angehörige kommen zu Besuch und reichen Essen an‘, das soll alles da drin stehen. [...] Sie können auch ganz einfach eine Pflegeplanung schreiben, ohne große
Individualität, das ist durchaus möglich. Nur, das ist momentan nicht, was der
Gesetzgeber will [...] Sowie Sie da nur einen kleinen Formfehler drin haben, kriegen Sie die falsche Pflegestufe. [...] Sie müssen den Bewohner komplett abbilden
und das ist zeitintensiv.“ (Leitungskraft A)

Die Recherche und Erfassung dieser Vielzahl an Daten ist also bereits während
der Pflegeplanung ein zeitaufwändiger Prozess. Eine weitere, bisher unbeantwor-
tete Frage besteht darin, inwieweit tatsächlich mit dieser Komplexität an individuellen Daten in der alltäglichen Pflege und Betreuung praktisch gearbeitet werden
kann. Zur Vereinfachung der Pflegeplanung und zur Reduzierung des Zeitaufwands bieten die EDV-gestützten Dokumentationssysteme Assistenzfunktionen
an, die auf einer Standardisierung von Pflegediagnosen, abgeleiteten Maßnahmen
und Formulierungsvorschlägen beruhen. Jedoch besteht zwischen der geforderten
Individualität und der Standardisierung mitunter ein Spannungsverhältnis.

„Irgendwann hat man schnell auch die Lust verloren, wenn ich dem Programm
sage: ‚Ich habe jetzt das und das Pflegeproblem‘, was dann teilweise auch schon
vorgegeben war und dann ‚bumm bumm bumm‘, hatte ich automatisch dieses
ganze Blatt Pflegeplanung gefüllt mit irgendwelchen Vorgabekästchen. Dann
musstest du wieder rückwirkend versuchen, das abzuändern; dann hat der dir wieder ganz andere Maßnahmen vorgegeben [...] Das war alles gar nicht so, wo ich
hin will, der drängte mich in eine ganz andere Richtung.“ (Leitungskraft F)

Hier wird über die Erfahrungen mit einem Vorgänger-System berichtet. Die
automatisierte Vorgabe standardisierter Maßnahmenkomplexe wurde als ein in-
haltlicher Eingriff in die Pflegeplanung wahrgenommen. Zwar lag – ausgehend
von einer Pflegediagnose – eine Planung in Sekundenschnelle vor, die Pflegefachkraft allerdings war an diesem Prozess nur noch punktuell, bzw. korrigie-
rend beteiligt. Die Automatismen des Systems treten gewissermaßen in Konkur-
renz zur Fachlichkeit der Pflegenden.

Die „Verselbständigung“ der Pflegeplanung wurde auch aus der stationären
Falleinrichtung A berichtet – vor allem in der Einführungsphase des EDV-Systems:

„Also, das Programm wirft mir ENP-Diagnosen in die Planung, die ich dann halt
von meiner Fachlichkeit auswähle. Am Anfang wollte ich das 500-prozentig toll
machen und habe das alles ausgefüllt. Das heißt, ich hatte dann durch mehrere
verknüpfte Diagnosen viele Kontrakturenprophylaxen drin, ich hatte eine Pflegeplanung von 80 Seiten, das ging natürlich nicht.“ (Leitungskraft A)

Durch die automatisierten Planungsschritte des Systems kam es zunächst zu einem überbordenden Umfang der Pflegeplanung, der nicht mehr sinnvoll handlungsleitend genutzt werden konnte. Dahinter steht die Problematik der „Vereindeutigung" von Problemlagen: Für die standardisierte Erfassung im System müssen die Einschränkungen und Risiken der Pflegebedürftigen so reformuliert werden, dass sie in die Systematik der ENP-Diagnosen[22] passen. Diese Einzeldiagnosen decken naturgemäß immer nur Teile der jeweiligen komplexen Realität eines jeden Pflegebedürftigen ab. Deshalb gingen die Pflegefachkräfte während der Einführungsphase des Systems zunächst auf „Nummer sicher" und wählten mehrere Diagnosen aus, um die Problematik des jeweiligen Bewohners auch vollständig zu erfassen. Es bedurfte erst einiger Lern- und Anpassungsschritte des Personals, die Informationserfassung bei der Pflegediagnose so zu beschränken, dass das System eine sinnvolle Maßnahmenplanung aufstellen kann.

Auch die Zeitersparnis durch die Standardisierung der Pflegeplanung wurde aus der Praxis heraus in Frage gestellt.

„Sie haben einen Patienten mit einer Halbseitenlähmung, der kriegt ein Kissen unterpolstert, hat eine Ehefrau, die hat ihr eigenes Lagerungssystem, das aber für den jetzt gut ist. Bis ich das im System gefunden habe, schreibe ich hin ‚aufgrund der häuslichen Situation wird, bla bla bla, bei sich bewegen so gelagert'. Das geht dann zack, zack zack und ich habe es individuell [...] Sie können zehn gleiche Krankheitsbilder haben, aber Sie haben zehn verschiedene Haushalte, mit zehn verschiedenen Pflegepersonen, die das aus einem bestimmten Grund ganz anders regeln." (Leitungskraft C)

An diesem Beispiel werden ebenfalls die grundsätzlichen Grenzen der Standardisierung deutlich: Der praktische Umgang mit bestimmten pflegerischen Herausforderungen birgt gerade in der ambulanten Versorgung eine Unzahl von Varianten, die je durch den jeweiligen individuellen Kontext und die Vorerfahrungen der informell und professionell Pflegenden geprägt sind. Diese Komplexität ist durch die ambulanten Dienste manchmal nur schwer in standardisierter Form hinreichend exakt abbildbar.

Die Reichweite der Standardisierung variiert allerdings von System zu System. In der Einrichtung D wurde an einer individuellen, händisch einzugebenden Maßnahmenplanung festgehalten.

---

22 Die Abkürzung ENP steht für European Nursing care Pathways. ENP stellt das Bemühen dar, professionell Pflegenden eine einheitliche Pflegefachsprache zur Verfügung zu stellen und den Pflegeprozesses über ein Klassifikationssystem darzustellen. Die ENP-Diagnosen sind ein Teil dieses Systems. Sie umfassen in vier Dimensionen (funktional/physiologisch, emotional/psychologisch, mehrdimensional, umfeldbezogen) insgesamt 516 (!) Diagnoseangebote (Wieteck et al. 2007).

„Wir fügen alles selber ein, alle Prophylaxen. Wir haben zwar auch einen Kata-
log, wo wir Diagnosen auch aussuchen können, man kann die auch selbstständig
eingeben, aber da ist nichts hinterlegt, das automatisch in der Planung erscheint.
Das müssen wir alles selbstständig, individuell eingeben." (Leitungskraft D)

Die Pflegeplanung erfolgt „von Hand", wenn auch am Computer. Automatisiert
wird lediglich die Maßnahmendurchführung erfasst. Die eigenständige Rolle der
Pflegekräfte und der Anspruch auf die Individualität der Pflegeplanung werden
hier in den Vordergrund gerückt – auch wenn bei dieser Handhabung möglicherweise nicht alle Potenziale an Zeitersparnis ausgeschöpft werden.

Stärkung der Pflegequalität

Für die Beschäftigten in sozialen Dienstleistungsberufen im Allgemeinen und
ganz besonders für professionell Pflegende liegt ein wesentlicher Aspekt der Arbeitsqualität darin, „gute Arbeit am Menschen" leisten zu können (Hielscher et
al. 2013). Arbeits- und Pflegequalität gehören in dieser Perspektive also un-
trennbar zusammen. Insofern ist die Frage von Bedeutung, wie in der Sicht der
Beschäftigten die EDV-Dokumentation Einfluss auf die Qualität der Pflege
nimmt. Im Folgenden werden einerseits positive Steuerungseffekte berichtet, andererseits blieb eine Sichtweise dominierend, die die Pflege und die Dokumentation als zwei voneinander unabhängige Realitäten betrachtet.

Aus Sicht der Leitungskraft in einer der stationären Einrichtungen konnte
mittels der über die gesamte Arbeitsschicht „bedside" verfügbaren mobilen Endgeräte die *Arbeit der Pflegehilfskräfte* besser gesteuert werden:

„Pflegehilfskräfte lesen sich die Pflegeplanung nicht durch, da können wir planen
und machen, wie wir wollen. [...] Ich habe selber als Pflegehilfskraft angefangen.
Aber wenn ich das PDA habe, dann lese ich mir durch, was wird denn bei der
gemacht. Und da steht ja vom Aktivitätenplan genau das, was in der Pflegeplanung geplant worden ist. Es hat den Vorteil, dass auch die Pflegehilfskräfte in
dem Moment eine Übersicht haben." (Leitungskraft A)

An den mobilen Endgeräten sind die einzelnen Maßnahmen unmittelbar nach
Durchführung der Pflegehandlungen abzuzeichnen. Offenbar hat die Erfahrung
gezeigt, dass die Pflegehilfskräfte durch die größere Zeitnähe von Pflege und
Dokumentation auch eher die Maßnahmenplanung zur Kenntnis nehmen. Wie
weit die steuernden Effekte für die eigentliche Durchführung der einzelnen Pflegehandlungen reichen, konnte im Rahmen des Designs dieser Untersuchung allerdings nicht ermittelt werden.[23]
Als ein Aspekt praktischer Unterstützung wurde die mit der Maßnahmenplanung angelegte *Erinnerungsfunktion* des Dokumentationssystems betrachtet:

---

23   Dazu wären z.B. vergleichende Beobachtungen der Pflegehandlungen nötig.

„Für mich ist leichter, dass er mir genau anzeigt, was gemacht wird, also zum Beispiel, dass man dienstags eine RR-Kontrolle machen muss. Dafür wird das dann mittwochs, donnerstags und freitags nicht aufgeführt, also es wird nicht mehr vergessen." (Pflegekraft 2D)

Gerade bei Pflegehandlungen mit einem größeren zeitlichen Abstand muss also nicht mehr aufwendig in der Akte nachgeschlagen und überprüft werden, wann diese bei welchen Klient/inn/en anliegen. Die Pflegekräfte können sich durch das System von diesem Verantwortungsdruck entlasten, weil das „Vergessen" der Maßnahme und damit verbundene Pflegefehler als ein Faktor menschlichen Versagens (vom Prinzip her) technisch ausgeschlossen wird.

In manchen Fällen wurden die Effizienzgewinne durch die EDV-gestützte Dokumentation auch als *Zeitgewinne für die Pflegeinteraktion* spürbar.

„Zeit äußert sich in: wir können mit den Leuten einkaufen gehen, wir können sagen: ‚Pass auf, zieh dich an, wir gehen einen Döner essen.' Was denken Sie, wie glücklich Sie diese Menschen machen, das ist eine häusliche Betreuung, mal fünf Minuten da, mal zehn Minuten dort, mit den Leuten quatschen, Sie kriegen Biographie-Informationen vom Feinsten." (Pflegekraft 1F)

„Ich möchte hier keine Fließbandarbeit erreichen. Das ist auch so ein bisschen im Laufe der letzten Jahre unser Bild nach außen, ‚da haben die Mitarbeiter immer Zeit' und im Bedarfsfall, muss ich nicht erzählen, eine Kassenvorgabezeit für eine Medikamentengabe sind zwei Minuten." (Leitungskraft F)

Die Frage nach der Nutzung der gewonnenen Zeit konnte in diesem Fallbetrieb eindeutig mit einer Entdichtung der Arbeit und einem Zugewinn an Interaktionszeit beantwortet werden. Aus Sicht der Pflegekraft hat dies positive Effekte für die Klient/inn/en, aber auch für die Stärkung der Pflegebeziehung. Aus Perspektive der Leitungskraft hat dies zudem einen Image steigernden Wert in der öffentlichen Wahrnehmung des Betriebs.

Die oben beschriebenen Effekte, insbesondere die des Zeitgewinns für die Pflege können allerdings nur in enger Abhängigkeit vom Kontext realisiert werden. Dazu gehört zum einen die technisch-organisationale Funktionalität, die erst die Voraussetzung für Zeitgewinne ist. Mit anderen Worten: Dort, wo der Gebrauchswert aufgrund von technischen Insuffizienzen nur eingeschränkt zum Tragen kommt oder wo aufgrund mangelnder organisatorischer Voraussetzungen Doppelstrukturen in der Dokumentation geführt werden, können sich auch kaum positive Effekte für die Pflegequalität realisieren.

Insofern gab es auch eine Reihe von Stimmen in der Befragung, die *keine direkten Bezüge* zwischen dem Technikeinsatz in der Dokumentation und der Pflegequalität herstellen konnten.

„Die Pflegequalität wurde ja schon versucht zu heben, indem die Dokumentation aufgewertet wurde und der MDK kommt und sitzt nur noch da und guckt in der Mappe, was da steht. Aber Pflegequalität ist eigentlich das, was ich am Patient mache, wie ich den behandele, das erhöht oder erniedrigt die Pflegequalität, nicht wie toll die Mappe geführt ist. Und das Handy erhöht auch nicht die Pflegequalität, nur weil da die Minuten drauf sind." (Pflegekraft E)

„Wie ich mit dem Bewohner umgehe, was ich an dem Bewohner mache, das ist für mich Pflegequalität. Meine Pflegequalität ist nicht, was ich auf irgendeinem Blatt Papier schreibe, weil das kann jeder machen." (Auszubildende C)

Diese Zitate stehen stellvertretend für eine ganze Reihe an Äußerungen, die einen Bezug zwischen der Dokumentation, der eingesetzten Technologie und der Pflegequalität verneinen. Referenzpunkt der Dokumentation bleibt die externe Prüfinstanz, während für die Pflegequalität die unmittelbare Interaktion zwischen der Pflegekraft und den zu Pflegenden im Vordergrund steht. Insofern bleibt in dieser Wahrnehmung die Dokumentation – gleich, ob in papierener oder IT-gestützter Form – etwas der „eigentlichen" Pflege Fremdes.

3.2.7 Resümee

Die Umstellung von papiergestützten, analogen Dokumentationsformen auf digitale, IT-gestützte Technologie dürfte in der zweiten Dekade des 21. Jahrhunderts die wesentliche technische Innovation in der Pflegebranche darstellen. Letztere rückt damit zum seit jeher stärker technologiegeprägten Krankenhaussektor auf. Mit der Digitalisierung der Dokumentation verbinden sich nicht nur Erwartungen an eine Effizienzsteigerung in der Pflege, sondern auch Steuerungserwartungen für die Pflegearbeit – etwa was die stringentere Umsetzung des Pflegeprozesses anbelangt.

Die Voraussetzungen für technische Innovationen divergieren zwischen dem ambulanten und stationären Sektor in der Branche: Die Ergebnisse der Technologiefallstudie weisen darauf hin, dass die stationären Einrichtungen, vor allem wenn sie großen Trägerverbänden angehören, über stärkere Ressourcen für Investitionen in technisch anspruchsvolle Lösungen, vor allem aber für die Qualifizierung und die Begleitung des Personals während der Einführungsphase der Technik verfügen. Anzunehmen ist, dass im stationären Bereich die Umstellung auf IT-gestützte Dokumentation vergleichsweise weit vorangeschritten ist. Im ambulanten Feld hingegen dominieren eine Vielzahl kleiner Träger bzw. privat getragene Pflegedienste, die über nur begrenzte Investitionsmöglichkeiten in Informations- und Kommunikationstechnologie verfügen. Zudem bestehen in diesem Sektor noch praktisch ungelöste Fragen des Datenträgeraustausches mit den Pflegekassen. Insofern ist anzunehmen, dass die ambulanten Dienste die

Digitalisierung der Pflegedokumentation im eher mit „angezogener Handbremse" angehen. Übereinstimmend wird aus den Einrichtungen und Diensten eine Verbesserung der Dokumentationsqualität durch den IT-Einsatz berichtet. Dagegen fallen auch die angestrebten Effizienzgewinne je nach betrieblichen und regionalen Rahmenbedingungen unterschiedlich aus.

Zweifelsohne potenzieren IT-gestützte Dokumentationssysteme die Kontroll- und Steuerungsmöglichkeiten für das Management der Einrichtungen und Dienste. Sie schaffen zudem – je nach Systemauslegung – eine technisch induzierte Kontrolllogik. Eine wesentliche arbeitspolitische Herausforderung besteht darin, eine Balance zwischen berechtigten Optimierungsinteressen der Einrichtungen und den notwendigen Autonomiespielräumen im alltäglichen Pflegeprozess herzustellen. Die Beispiele aus den Falleinrichtungen verdeutlichen das Spektrum der Kontrollmöglichkeiten, der Potenziale für eine Arbeitsentlastung in der Pflege wie auch die Anforderungen an das Handeln der Führungskräfte.

Mit der Digitalisierung der Dokumentation geht eine Standardisierung der pflegerischen Diagnosen, der Pflege- und Maßnahmenplanung sowie der alltäglichen Erfassung der Pflegeleistungen, der Vitalwerte und der Befindlichkeit der zu Pflegenden einher. Nicht unumstritten ist die Frage, ob diese Standardisierung der Komplexität des Pflegealltags und der Bedarfe der zu Pflegenden gerecht wird. Die befragten Pflegekräfte stellen nur zum Teil einen Bezug zwischen Pflegedokumentation und Pflegerealität her. Für manche entkoppelt sich die Dokumentation zu einer eigenen, virtuellen Welt, die im Sinne von Datenkonsistenz und -vollständigkeit im Wesentlichen für den Fall externer Prüfungen vorzuhalten ist. Die Pflegekräfte beharren durchweg auf der lebendigen Interaktion als den Kern ihrer Arbeit, der durch ein auch noch so dichtes binäres Datennetz nicht vollständig abzubilden ist.

3.3 Weglaufschutz- und Personenortungssysteme

3.3.1 Hintergrund

Die Schaffung bedarfsgerechter Versorgungstrukturen für dementiell erkrankte Menschen stellt eine der größten sozial- und gesundheitspolitischen Herausforderungen dar, deren Relevanz vor dem Hintergrund einer prognostizierten Verdoppelung der Prävalenzrate für Demenz bis zum Jahr 2050 weiter anwachsen wird (Kirchen-Peters/Diefenbacher 2014). Aktuell sind in Deutschland etwa 1,5 Millionen Menschen von unterschiedlichen Demenzformen betroffen (DAlzG 2014). Im Jahr 2007 lebte bereits über ein Viertel dieser Menschen in stationären Altenpflegeeinrichtungen, wobei sich die Bewohnerstruktur der Seniorenheime damit durchschnittlich zu 50 Prozent aus demenzkranken Frauen und ·

Männern zusammensetzte (Sütterlin et al. 2011). Fasst man den Radius diagnostisch weiter, so leiden rund zwei Drittel aller Altenheimbewohner/innen unter psychischen Erkrankungen, die ein erhöhtes Maß an Versorgung, Betreuung und Beaufsichtigung erfordern (Höft 2009).

Im Zusammenhang mit solchen psychischen Störungen stehen u.a. Symptome wie Verwirrtheit, Agitiertheit und Orientierungslosigkeit, die sich häufig im Phänomen des so genannten *Wandering* (engl.: *to wander* – ‚[umher-]wandern') ausdrücken, bei dem die Betroffenen einem ruhelosen Bewegungsdrang nachgehen und vermeintlich ziellos und repetitiv in der Umgebung umherlaufen[24] (Schröder 2006; Marshall/Allan 2011). Im einrichtungsbezogenen Kontext kommt es dabei immer wieder zu Situationen, in denen dementiell oder anderweitig psychisch Erkrankte versuchen, die Station bzw. das Gebäude unbeaufsichtigt zu verlassen. Mitunter vergessen die älteren Menschen aufgrund ihrer kognitiven Beeinträchtigungen im Verlauf ihrer Unternehmung den Rückweg, irren orientierungslos umher, gehen verloren und müssen gesucht werden – oftmals unter erheblichem personellen, materiellen und zeitlichen Aufwand und manchmal mit tragischem Ausgang. Auch wenn es keine exakten statistischen Angaben zu solchen Fällen gibt (Tenter 2007), wird das Wandering als eine der „häufigsten und lebensbedrohlichsten Verhaltensweisen in Verbindung mit Alzheimer und verwandten Störungen" (Silverstein/Flaherty 2003: 51; Übers. d. Verf.) bezeichnet.[25] Laut älteren internationalen Studien kommt in den USA jede Woche ein Heimbewohner aufgrund der Folgen des Weglaufens ums Leben (Kennedy 1993). Für die Pflegekräfte bedeutet das Miterleben solch schwerer Unglücks- oder Todesfälle eine schwere und belastende berufliche Stresssituation.

Für die Pflegekräfte ergeben sich nicht erst aus akuten Weglaufsituationen, sondern bereits aus der Weglaufgefährdung heraus erhebliche Stressbelastungen, da sie sich zum Teil in dauerhafter Sorge um die betroffenen älteren Menschen befinden und im Stationsalltag oftmals kaum Zeitkapazitäten zur Verfügung stehen, um auf deren besondere Betreuungsbedarfe adäquat einzugehen. Daneben kann eine unübersichtliche architektonische Situation in den Einrichtungen die-

---

24 Die North American Nursing Diagnosis Association (NANDA) definiert *Wandering* als „Umherirren; ziellose oder repetitive Fortbewegung, die die betreffende Person einem Schadensrisiko aussetzt; oftmals mit (Grundstücks-)Grenzen und Hindernissen unvereinbar; kann sporadisch oder kontinuierlich auftreten" (zit. n. Gordon 2000: 198; Übers. d. Verf.).

25 Mit Blick auf die Häufigkeit von „Weglaufversuchen" kann das Experiment von Gaffney (1986) eine Orientierung geben. Dabei wurden 28 weglaufgefährdete Bewohner/innen eines Pflegeheimes 15 Stunden lang beobachtet. Insgesamt kam es im Beobachtungszeitraum zu 457 Versuchen, den Wohnbereich zu verlassen und zu weiteren 274 Versuchen, einen Gebäudeausgang zu benutzen. Das bedeutet, dass sich pro Bewohner und Stunde knapp zwei „Weglaufsituationen" ergaben.

ses Belastungserleben noch erhöhen, wenn die Bewohner nicht permanent im Blick behalten werden können und somit befürchtet werden muss, dass Menschen mit Demenz das Haus verlassen und sich selbst oder andere gefährden, z.B. durch unangemessenes Verhalten im Straßenverkehr (Sowinski et al. 2015).

Vor dem Hintergrund dieser Problematik agieren die Einrichtungen im Spannungsfeld zwischen ihrer Fürsorge- und Obhutspflicht und den Freiheitsrechten ihrer Bewohner/innen. Die Ermöglichung eines selbstbestimmten Lebens schwankt dabei stets zwischen Freiheit und Gefährdung, wobei in der Praxis noch immer häufig zugunsten der Sicherheit auf Fixierung und Sedierung der Pflegebedürftigen zurückgegriffen wird (Weyerer et al. 2005) – laut neueren Untersuchungen werden bis zu 40 Prozent der deutschen Heimbewohner/innen fixiert (Klie 2012). Im Zusammenhang mit dem Diskurs um Nullfixierung sind in den letzten Jahren zunehmend auch technische Lösungsmöglichkeiten für das oben beschriebene Dilemma in den Fokus gerückt.

Einen technischen Ansatz stellen hierbei Weglaufschutz- und Personenortungssysteme dar, mit deren Hilfe die Pflegekräfte jederzeit den Standort ihrer Bewohner/innen computergestützt ermitteln können. In den folgenden Abschnitten wird es nicht nur darum gehen, inwieweit der Einsatz solcher Systeme dazu beitragen kann, die Pflegekräfte zu entlasten. Es wird auch ein vertiefter Blick darauf geworfen, welche Chancen zur Freiheitsermöglichung welchen Risiken der Generalüberwachung gegenüberstehen und welche betrieblichen Herausforderungen mit dem Technikeinsatz verbunden sind.

3.3.2 Funktionsbeschreibung von Weglaufschutz- und Personenortungssystemen

Es existieren verschiedene Varianten von Weglaufschutz- und Personenortungssystemen. Die Ergebnisse dieser Fallstudie beziehen sich auf die Untersuchungen in zwei Einrichtungen, die unterschiedliche Überwachungstechniken einsetzen:

- Einrichtung D, ein in Westdeutschland angesiedeltes Pflegeheim in freigemeinnütziger Trägerschaft, setzt die Technik in einem speziellen Wohnbereich ein, in dem ausschließlich an Demenz erkrankte Menschen stationär untergebracht sind.
- Einrichtung J ist ein im Südwesten Deutschlands gelegenes Wohnstift in privater Trägerschaft. Der Technikeinsatz wird hier als Zusatzservice für weglaufgefährdete Mieter/innen[26] über den ambulanten Versorger angeboten, der auch die Pflegeleistungen erbringt.

---

26 Bei einem Wohnstift handelt es sich i.e.S. nicht um eine stationäre Versorgungsform. Vielmehr leben die älteren Menschen dort als Mieter/innen und beziehen Pflegeleistun-

Im Folgenden werden die Systemvarianten vorgestellt, die in den beiden Untersuchungseinrichtungen zum Einsatz kommen und die sich zum Teil in ihrer Funktionsweise sowie im jeweiligen Anwendungszusammenhang voneinander unterscheiden.

Einrichtung J nutzt ein Ortungssystem, das Hardware und Software kombiniert und mobile Endgeräte einbindet. Den weglaufgefährdeten Bewohner/inne/n wird ein GPS-Sender angelegt, der ungefähr die Größe einer Zigarettenschachtel hat und mithilfe eines Bauchgurtes fixiert wird. Von einer angeschlossenen Zentrale aus (hier der Stationscomputer) kann auf Anforderung die exakte Position des Senders auf wenige Meter genau ermittelt und auf einer hochauflösenden Luftbildkarte dargestellt werden. Die besondere Anwendungsvariante der Untersuchungseinrichtung besteht darin, dass auf der digitalen Karte bestimmte Territorien um das Wohnstift herum markiert werden, die den Bewegungsfreiraum der Trägerpersonen kennzeichnen. Wird das Endgerät über die markierten Grenzen getragen, sendet es ein Signal an den Computer, von dem aus dann eine Nachricht über die Schwesternrufanlage an die Diensttelefone der Pflegekräfte geht, dass die betreffende Person den festgelegten Bewegungsradius verlassen hat. Sofern die Pflegekräfte eine Suche initiieren wollen, können sie nun über die Software ein Telefonsignal an das Endgerät zurückspielen, um den genauen Standort zu ermitteln, der dann binnen kürzester Zeit auf der Karte angezeigt wird.

In Einrichtung D kommt ein so genanntes Weglaufschutzsystem (engl. *anti-wandering-system*) zum Einsatz, bei dem die Standorte von zwölf der 21 auf Station lebenden Bewohner/inne/n mit Weglauftendenzen auf unterschiedlichen Displays nachvollzogen werden können. Zu diesem Zweck bekommen die Pflegebedürftigen Funkarmbänder angelegt, die in Verbindung mit Empfangsgeräten stehen. Damit das Pflegepersonal nicht permanent den Bildschirm überwachen muss, wurde ein Alarmsystem installiert, das immer dann anschlägt, wenn die Funksender in die Nähe der Stationsausgänge getragen werden, an denen stationäre Empfänger montiert sind. In diesem Fall geht dann eine Meldung über das Diensttelefon der Wohnbereichsleitung, und es erfolgt ein akustisches Signal im Stationszimmer, wo Standort (Ausgang A, B, C etc.) und die entsprechende Trägerperson (als Codenummer) auf einem Monitor angezeigt werden. Zusätzlich sind außerdem in den Fluren des Wohnbereichs zwei große Anzeigetafeln und in jedem Pflegezimmer ein kleines Display angebracht, damit das Personal auch außerhalb des Stationszimmers einsehen kann, wo ein Bewohner gerade versucht, die Station zu verlassen.

Neben diesen beiden Technikvarianten existieren außerdem hybride Systeme, welche die aktiven Eigenschaften der GPS-Ortung mit stationären Emp-

---

gen über einen ambulanten Dienst. Im weiteren Textverlauf werden sie aus Gründen der einfacheren Lesbarkeit trotzdem als „Bewohner/innen" bezeichnet.

fängern kombinieren. Dadurch können sowohl Bewegungsverläufe in Echtzeit auf einem Bildschirm dargestellt, als auch eine Alarmfunktion beim Überschreiten kritischer Punkte über das Anbringen von Induktionsschleifen (z.B. an Ausgängen) eingerichtet werden.

Alle Systemvarianten ähneln sich zwar in ihrer Funktionsweise, doch verfolgen sie unterschiedliche Handlungsansätze: Während im Fall von Einrichtung J eine anlassbezogene Standortermittlung stattfindet, die durch eine Pflegekraft angefordert werden muss, kommt es in Einrichtung D zu einer automatischen Positionsbestimmung, sobald eine pflegebedürftige Person die Station verlassen möchte. Zu einer anlassunabhängigen Dauerüberwachung kommt es bei den hybriden Systemen, die in den untersuchten Einrichtungen jedoch nicht eingesetzt werden.

3.3.3   Historische Erfahrungen

In der Pflegearbeit sind Personenortungssysteme noch relativ neue Technikformen, wobei über deren Verbreitungsgrad keine Daten vorliegen. In den 1990er Jahren wurden in Altenheimen erste Systeme angewendet, die mit Funksendern ausgestattet waren und über Induktionsschleifen meldeten, wenn bestimmte Schwellenbereiche überschritten wurden. Die Personenortung mittels GPS ist zwar schon seit Mitte der 1990er Jahr voll funktionsfähig, sie war jedoch bis zum Jahr 2000 praktisch unbrauchbar, da sie aufgrund von genauigkeitsverfälschenden Maßnahmen durch das US-Militär keine Positionsbestimmung unterhalb eines Genauigkeitsbereichs von 100 Metern zuließen. Erst mit der Abschaltung des Störsignals im Jahr 2000 wurde die GPS-Technologie für die zivile Nutzung praktikabel und somit für den Markt geöffnet. Aufgrund der anfänglich noch unklaren Rechtslage bezüglich des Einsatzes von GPS-gestützten Ortungssystemen in der Altenhilfe sowie ethischen Bedenken mit Blick auf den Überwachungsaspekt hat sich die Nachfrage seitens der Pflegeeinrichtungen anfangs nur zögerlich entwickelt. Technische Verbesserungen, klarere rechtliche Orientierungen, anhaltende Diskussionen um die Versorgungsqualität sowie die wachsende Zahl dementiell erkrankter Menschen haben jedoch Wachstum in die Branche gebracht, so dass im deutschsprachigen Raum mittlerweile eine Vielzahl von Anbietern am Markt vertreten ist, die ihr Angebot explizit an der Pflegebranche ausrichten.[27]

---

27   Nach Auskunft einer marktführenden Herstellerfirma habe sich zwischen den Jahren 2011 und 2015 das Verhältnis von Privat- zu Firmenkunden (hier: Pflegeeinrichtungen) drastisch zugunsten des business-to-business-Geschäftes verschoben (Dirk Rensmann, persönl. Mitteilung, 20.01.2015).

3.3.4   Ziele des Technikeinsatzes

In beiden Untersuchungseinrichtungen sah man sich vor dem Hintergrund der besonderen Betreuungsbedarfe dementiell erkrankter Bewohner/innen und den damit verbundenen „herausfordernden Verhaltensweisen" (Bartholomeyczik et al. 2006) mit ähnlichen Fragestellungen konfrontiert.

> „Da kam dann automatisch die Frage: Was ist mit den Bewohnern, die eben diese hohe Hinlauftendenz haben? Wie können wir eben dieses Problem angehen, dass da komprimiert Menschen leben, die den Bereich auch verlassen möchten?" (Leitungskraft D)

Dabei beschreiben die Leitungskräfte einen Grundkonflikt zwischen der Fürsorgepflicht ihrer Einrichtungen auf der einen und den Freiheitsrechten ihrer Bewohner/innen auf der anderen Seite. Die Beziehung dieser beiden Ansprüche stellt sich aus Sicht der Befragten antagonistisch dar und lässt sich in der Praxis bislang nicht befriedigend auflösen: Ermögliche man den demenzkranken Menschen uneingeschränkte Bewegungsfreiheit, ginge dies immer mit einem Sicherheitsrisiko und gegebenenfalls einer Sorgfaltspflichtverletzung einher. Ein Höchstmaß an Sicherheit könne wiederum nur über freiheitseinschränkende bzw. -entziehende Maßnahmen gewährleistet werden, sei es durch Fixierung oder Sedierung, sei es durch Kontrolle im Kontext einer permanenten Eins-zu-eins-Betreuung. Dabei wäre letzteres aus Sicht der Leitungskräfte zwar die wünschenswertere Alternative, die sich in Ermangelung an Personalressourcen jedoch nicht organisieren lasse. Aus fachlicher Perspektive könnten aber auch das Abschließen von Türen, die medikamentöse Ruhigstellung, die Fixierung an Stationsbetten usw. nicht die Ultima Ratio sein. Dieses Dilemma war Ausgangspunkt der Suche nach technischen Lösungen.

> „In dem Kontext wird diese Technik auch verortet, also rund um das Thema ‚Freiheit oder Fixierung'." (Leitungskraft J)

Ein weiteres mit dem Technikeinsatz verbundenes Ziel betrifft die Entlastung der Mitarbeiter/innen. In beiden untersuchten Einrichtungen kam es in der Vergangenheit vermehrt zu Situationen, in denen Bewohner/innen unbemerkt die Einrichtung verließen und in deren Folge zum Teil hochgradig belastende Suchaktionen durchgeführt werden mussten. In Einrichtung J kam es sogar zu einem Todesfall, da eine vermisste Frau nicht rechtzeitig gefunden werden konnte. Für die Fachkräfte können derlei Erlebnisse große emotionale Belastungen bedeuten, die auch im weiteren Verlauf ihrer Berufstätigkeit nachwirken und sich in fortwährender Verunsicherung und andauernder Sorge um weglaufgefährdete Pflegebedürftige ausdrücken.

„Die Mitarbeiter leiden sehr darunter, wenn einzelne Bewohner vorübergehend nicht auffindbar sind." (Leitungskraft J)

Mit den technischen Überwachungsmöglichkeiten wurde in diesem Zusammenhang die Hoffnung verbunden, dass das Personal hier ein stückweit an Sicherheit gewinnen kann.

„Das Gefühl von einer gewissen Sicherheit: ‚Solange ich nichts höre, ist auch nichts los.' Was es vorher natürlich nicht gab." (Qualitätsbeauftragter D)

Zusammengefasst sind mit dem Technikeinsatz also vor allem zwei Ziele verbunden: Einmal soll dementiell und anderweitig psychisch erkrankten Menschen die Möglichkeit gegeben werden, ihren Bewegungsdrang auszuleben, ohne dass sie dabei verlorengehen oder zu einer Gefahr für sich oder andere werden. Zum anderen sollen die Personenortungssysteme die Pflegekräfte entlasten, deren begrenzte Betreuungskapazitäten nicht ausreichen, um jeden Pflegebedürftigen auf Station dauerhaft zu beobachten oder zu begleiten.

3.3.5   Implementationswege

Die generelle Entscheidung zur Technikanschaffung, die Wahl eines bestimmten Ortungssystems sowie die konkreten betrieblichen Maßnahmen zur operativen Einführung der Geräte sollen im Folgenden vor dem Hintergrund der jeweiligen Ausgangssituation rekonstruiert werden, die in den Einrichtungen vorherrschte.

Ausgangspunkt für die Überlegungen zum Technikeinsatz in Einrichtung J waren vor rund drei Jahren Diskussionen im Trägerverein zur Qualitätsentwicklung im Pflegebereich, insbesondere mit dem Ziel einer weiteren Reduzierung von Fixierungsmaßnahmen. Im Zentrum des Angebots des untersuchten Wohnstifts stehe laut der Leitungskraft das selbstbestimmte Leben im Alter, wobei das trägerspezifische Verständnis von Selbstbestimmung eng mit dem fachlichen Ideal der „Nullfixierung" korrespondiere.

„Fixierung ist nicht nur Bauchgurt und Bettgitter, sondern auch jede Eingangssicherung und Überwachung. [...] Wenn Sie allen Mitarbeitern und der Rezeption sagen: ‚Passen Sie auf, dass Frau XY das Haus nicht verlässt!' – das ist ja schon Überwachung und Einschränkung. Genauso wie wenn Sie alle Eingänge des Hauses mit Videokameras versehen." (Leitungskraft J)

Man konnte das strategische Ziel der Nullfixierung zwar einrichtungsweit umsetzen, jedoch häuften sich die Suchaktionen nach weggelaufenen Bewohner/inne/n, die damit verbundenen Belastungen für die Betroffenen und das Personal, aber auch die Beschwerden vonseiten der Angehörigen, so dass nach technischen Lösungsmöglichkeiten Ausschau gehalten wurde, die mit dem offenen Einrichtungskonzept kompatibel waren.

Die Technikanschaffung in Einrichtung D ist vor dem Hintergrund einer grundsätzlichen Umstellung des Einrichtungskonzeptes zu sehen. Vormals wurde ein integratives Versorgungskonzept verfolgt, bei dem Pflegebedürftige gleich welchen Pflegebedarfs und unabhängig von der jeweiligen Krankheitsgeschichte gemeinsam untergebracht waren. Anfang der 2000er Jahre spezialisierte sich das Pflegeheim dann auf die Versorgung von dementiell erkrankten Menschen. Im Zuge dieser Umstellung wurde das so genannte Drei-Welten-Konzept (Held/Ermini-Fünfschilling 2006) eingeführt, welches drei Krankheitsstadien der Demenz unterscheidet und dabei spezielle Wohnbereiche für dementiell Erkrankte in der jeweils selben Verlaufsphase vorsieht. Relevant wurde der Technikeinsatz um das Jahr 2006, als sich auf dem Wohnbereich, der Menschen im mittleren bis schweren Demenzstadium beheimatete, immer häufiger Weglauf- und Suchsituationen ergaben, da gerade für diese Krankheitsphase das *Wandering* als ein wesentliches Charakteristikum angesehen werden kann.

In beiden Einrichtungen fanden ganz ähnliche Überlegungen und Abwägungsprozesse im Vorfeld der Entscheidung für einen Technikeinsatz statt. Die Personenortungssysteme wurden in beiden Fällen nach intensiver Auseinandersetzung mit den jeweiligen fachlichen Ansprüchen, konzeptionellen Ausrichtungen, den möglichen Vorteilen, aber auch den in Kauf zu nehmenden Nachteilen, keineswegs als Ideallösung des oben beschriebenen Freiheit-Zwang-Dilemmas aufgenommen. So wurde insbesondere dem „Überwachungsaspekt" der Technologie durchaus kritisch begegnet. Mit Blick auf die Dringlichkeit des Handlungsbedarfs und vor allem in Kontrast zur Alternative der Fixierung, erschien die technische Überwachung jedoch als *minima de malis*.[28]

Fachprofessionelle, technische und rechtliche Voraussetzungen

Ein erstes, breiteres Aufkommen des Themas „Personenortung" im Pflegebereich, so erinnert sich die Leitungskraft von Einrichtung J, gab es um das Jahr 2000. Damals habe man sich bereits mit dem Gedanken um Einsatzmöglichkeiten beschäftigt, sei aber aus verschiedenen Gründen wieder davon abgerückt. Im Gegensatz zum damaligen Zeitpunkt hätten sich die technikbezogenen, fachprofessionellen und juristischen Rahmenbedingungen in den letzten Jahren jedoch entscheidend verändert, was auch die Führungskräfte von Einrichtung D bestätigen. Darüber hinaus habe sich im Zuge allgemeiner gesellschaftlicher Entwicklungstendenzen („Digitale Revolution", „Technisierung des Alltages") eine höhere Akzeptanzbereitschaft gegenüber Technikanwendungen bei Entschei-

---

28 Dies war umso mehr in Einrichtung D der Fall. Man hatte mit dem Landkreis und den Pflegekassen im Zuge der Spezialisierung auf die Demenzversorgung Sonderpflegesätze verhandelt und war damit gescheitert. Dadurch waren die ursprünglichen Absichten, eine dichtere Betreuungssituation mit mehr Personal herzustellen, nicht zu realisieren.

dungsträgern und Pflegekräften, aber auch bei Angehörigen und zum Teil bei den Pflegebedürftigen selbst etabliert.

Ein evidentes Rahmenkriterium bei der Anwendung von Ortungssystemen stellt deren fehlerfreies Funktionieren dar:

„Das ist ja ein System, wo man Fehler einfach nicht tolerieren kann, man muss sich drauf verlassen können." (Leitungskraft D)

Eine entsprechende Gerätezuverlässigkeit, die um die Jahrtausendwende noch nicht ausreichend gegeben war, liege mittlerweile vor. Abgesehen von einer stabileren Datenübertragung seien die neueren Geräte vor allem einfacher in der Handhabung und präziser in der Standortbestimmung und -darstellung (Karten in größerem Maßstab etc.) geworden. Neben dem Abbau solcher technikbezogenen Anwendungsbarrieren begünstigten vor allem fachprofessionelle Wandlungsprozesse sowie Tendenzen in der Rechtsanwendung hin zu einer offeneren Handhabung des Überwachungsthemas den Einzug von Personenortungssystemen in die Untersuchungseinrichtungen. Hier habe besonders die Inklusionsdebatte neue Diskurslinien geschaffen und, wenn auch keinen regelrechten Wandel, so zumindest eine weitere Ausdifferenzierung von fachprofessionellen Überzeugungen bewirkt. Neben früheren generellen Abgrenzungstendenzen und ablehnenden Positionen der Pflege gegenüber der negativ konnotierten Überwachungstechnik seien nunmehr auch professionelle Perspektiven vertreten, die die Inklusionspotenziale eines Technikeinsatzes im Sinne der Freiheitsermöglichung betonten.

Auf Ebene der Betreuungs- bzw. Vormundschaftsgerichte zeige sich eine Abkehr von einer vormals eher restriktiven Rechtsprechung. Auch wenn Weglaufschutz- bzw. Personenortungssysteme nach Auffassung von Rechtsexperten nach wie vor eine juristische Grauzone bilden (Schöndorf 2012) und zu deren Qualität als freiheitsentziehende Maßnahmen unterschiedliche Urteile vorliegen, komme es in der Praxis immer häufiger zu positiven Prüfungen durch die jeweils zuständigen Betreuungsgerichte.[29]

---

29 Zu den rechtlichen Rahmenbedingungen liegen einige Publikationen vor, die sich mit aktuellen und vergangenen Urteilen zum Thema auseinandersetzen (Schöndorf 2012; Markus 1998). Wichtige Gerichtsurteile in der Sache wurden u.a. 2008 durch das LG Ulm (Aktenzeichen: 3 T 54/08), 2006 durch das OLG Brandenburg (11 Wx 59/05) und 1996 durch das AG Stuttgart (XVII 101/96) sowie das AG Bielefeld (2 XVII B 32) gefällt. Das jüngste Urteil durch das Ulmer Landgericht stellt fest, dass das Anbringen von Funksendern grundsätzlich keine freiheitsentziehende Maßnahme darstellt, die einer gerichtlichen Genehmigung, sondern lediglich der Einwilligung des Betreuers bzw. Bevollmächtigten bedarf. Erforderlich ist eine vormundschaftsgerichtliche Genehmigung dann, wenn die Funkchips „Teil eines Systems [sind], das gewährleisten soll, die Betroffene[n] ausnahmslos am unbeaufsichtigten Verlassen des Heims zu hindern" (LG

Das Zusammenkommen all dieser Faktoren begünstigt schließlich den Einsatz von Personenortungssystemen, welche im Wohnstift J seit dem Jahr 2013, in der Einrichtung D seit 2007 genutzt werden.

Betriebliches Vorgehen bei der Technikeinführung

Der Grundsatzentscheidung zur Techniknutzung folgten diverse organisationale Planungs- und Abstimmungsprozesse, bis die Ortungssysteme schließlich in die operativen Abläufe der Einrichtungen integriert wurden. Zu Beginn setzte man sich auf der Führungskräfteebene mit unterschiedlichen am Markt erhältlichen Produkten auseinander und trat in Austausch mit verschiedenen Anbietern. Nachdem ein Wunschprodukt ermittelt werden konnte, wurde sowohl im untersuchten Wohnstift als auch im Pflegeheim auf der Ebene des Vereins- bzw. Trägervorstandes eine Einigung mit den Verantwortlichen über die Technikanschaffung ausgehandelt. Wie bei anderen pflegerelevanten technischen Geräten (vgl. das Kapitel „Trage- und Hebehilfen") sieht das SGB XI auch im Falle von Ortungs- und Suchsystemen keine Finanzierung vor, weswegen insbesondere die Kostenfrage im Vorfeld der Technikanschaffung zu klären war. Dabei waren die Investitionskosten in Einrichtung D, bei der eine ganze Station mit Funkarmbändern und stationären Empfängern ausgestattet wurde, bedeutend höher als in Einrichtung J, wo lediglich zwei Bewohner/innen ein GPS-Gerät bekamen. Aus diesem Grund ging der Kaufentscheidung in Einrichtung D zunächst eine ausführliche Problemanalyse voraus, während für die verhältnismäßig kleine Investition in Einrichtung J kein weiterer legitimatorischer Aufwand zur Überzeugung des Vorstandes vonnöten war.

Parallel dazu wurden in einem weiteren Schritt die rechtlichen Voraussetzungen abgeklärt, die es für einen Technikeinsatz zu erfüllen gilt. Im Pflegeheim waren hierzu mehrere Gänge vor das Betreuungsgericht notwendig.

„Zu Beginn mussten wir auch bei jedem einzelnen Bewohner, wo wir dieses System einsetzen, eine Zustimmung des Vormundschaftsgerichts einholen. Das ist mittlerweile nicht mehr der Fall. Man hat uns attestiert, dass eine Zustimmung seitens des Betreuers, des Vorsorgevollmachtnehmers, des Arztes ausreichend ist. Wir brauchen es jetzt also nicht immer wieder neu zu beantragen." (Leitungskraft D)

Im Falle des Wohnstiftes konnte man sich mit dem Betreuungsgericht auf dieselbe Weise einigen und eine Art „Pilotprojekt" initiieren, sodass nur bei den beiden Bewohnerinnen, bei denen das Ortungsgerät aktuell eingesetzt wird, eine

---

Ulm 2008) und die Bewohner/innen notfalls durch Zwangsmaßnahmen zur Rückkehr bewegt werden. In anderen Fällen stellt die Personenortung eine Beaufsichtigungsmaßnahme dar.

richterliche Entscheidung nötig war. Sollte die Einrichtung weitere Personen mit dem Gerät ausstatten wollen, würde es vorerst genügen, hierfür eine notarielle Vollmacht bzw. die Zustimmung des amtlichen Betreuers einzuholen und das Gericht darüber schriftlich in Kenntnis zu setzen.

Die Technikanschaffung wurde in beiden Einrichtungen ohne Beteiligung der Mitarbeiter/innen entschieden. Die Leitungskräfte berichteten jedoch von keinen größeren Ressentiments oder Widerständen aus der Belegschaft gegenüber den neuen Geräten, was sich im Kontext der Fachkräfteinterviews weitestgehend bestätigte (siehe Abschnitt „Erfahrungen mit dem Technikeinsatz"). Im Vordergrund standen auch für das Personal die Vorteile, die mit der Entlastung durch den Technikeinsatz verbunden waren.

> „Die Vorteile haben sich den Mitarbeitern aufgedrängt. Die drängen sich jedem auf, der schon einmal fünf oder sechs Stunden jemanden suchen musste und nachts mit der Polizei zu tun hatte. Und mit wild gewordenen Angehörigen." (Leitungskraft J)

Die Technikeinweisung des Personals wurde in den Einrichtungen unterschiedlich vorgenommen. In Einrichtung J bekam die Verwaltungsleitung eine Einweisung durch einen Vertreter der Herstellerfirma, welcher auch die Installation der Gerätesoftware vornahm. Die Mitarbeiter/innen wurden daraufhin durch die Verwaltungsleitung geschult, welche im weiteren Verlauf als interne Hauptansprechpartnerin bei technischen Fragen zum Ortungssystem fungierte und im Zweifelsfall auf den Support der Herstellerfirma zurückgreifen kann. Einrichtung D ließ ihren Pflegekräften die Funktionsweise und das zur Bedienung notwendige Anwendungswissen direkt durch die Herstellerfirma näherbringen und verortete die interne Zuständigkeit für das technische Wissensmanagement und die Einarbeitung neuer Kolleg/inn/en beim Medizinproduktebeauftragten.

> „Grundsätzlich machen das bei uns für alle elektronischen Geräte die Firmen [...], die das dem Mitarbeiter vorstellen, vom Handling her und den Anforderungen. [...] Wenn neue Mitarbeiter kommen, läuft das im Rahmen des Einarbeitungskonzeptes, wo denen das natürlich auch wiederum näher gebracht wird vom Herrn E., dem Medizinproduktebeauftragten." (Leitungskraft D)

In beiden Einrichtungen liegen zur Wissenssicherung außerdem Bedienungsanleitungen für das Pflegepersonal in den Stations- bzw. Dienstzimmern vor. Das zur Gerätebedienung notwendige technische Know-how wird vonseiten der Leitungsebene zwar dem Grunde nach als nicht besonders kompliziert bewertet. Dennoch gestaltete sich die Einarbeitung und anfängliche Anwendungsphase für einige (insbesondere ältere) Mitarbeiter/innen voraussetzungsvoller als für andere. Das organisationale Ziel der betrieblichen Schulungsmaßnahmen, alle Pflegefachkräfte für den Technikeinsatz zu befähigen, konnte trotzdem erreicht werden.

„Von den Anforderungen ist das nicht ganz so schwer. [...] Aber das zielt ja auch darauf ab, [...] dass sehr viele jüngere Leute wesentlich einfacher mit diesen Dingen umgehen als manche Ältere. Nicht alle, aber manche haben da einfach gewisse Berührungsängste." (Pflegedienstleitung D)

Bezogen auf eine qualifikatorische Differenzierung beim Geräteeinsatz wurden im untersuchten Wohnstift nicht nur Pflegefachkräfte, sondern auch -hilfskräfte im Technikeinsatz geschult. Im Seniorenheim wurde dagegen festgelegt, dass ausschließlich Pflegefachkräfte die Software bedienen und die Endgeräte verwalten bzw. an die Bewohner/innen ausgeben dürfen. Pflegehilfskräfte, Betreuungskräfte oder Stationshelfer/innen kommen im Zweifelsfall erst dann zum Einsatz, wenn es darum geht, auf die Signale des Ortungssystems zu reagieren und, in Absprache mit den Fachkräften, einer pflegebedürftigen Person hinterherzugehen und diese gegebenenfalls zurückzuholen. In Einrichtung J, wo die Ortungsgeräte aktuell bei zwei Bewohnern in Anwendung sind, ging dem Technikeinsatz jeweils eine Einzelfallentscheidung voraus, die in Absprache mit den Angehörigen (in einem Fall sogar auf deren Wunsch hin) auf der Leitungsebene getroffen wurde. Im untersuchten Wohnbereich von Einrichtung D sind die Funkarmbänder für zwölf der 21 dort lebenden Pflegebedürftigen vorgesehen.

3.3.6   Erfahrungen mit dem Technikeinsatz

Im Folgenden werden die Erfahrungen der beiden Untersuchungseinrichtungen mit den jeweils eingesetzten Technikvarianten dargestellt. Zunächst soll es darum gehen, wie die Weglaufschutz- und Personenortungssysteme in die Arbeitsabläufe integriert und welche betrieblichen Vorkehrungen dafür getroffen wurden, welche Anforderungen der Geräteeinsatz für das Personal mit sich bringt und inwieweit er auf Akzeptanz bei Pflegekräften und Bewohnern stößt. Daneben werden die Anwendungserfolge vor dem Hintergrund der mit dem Technikeinsatz verbundenen Ziele erörtert und Auswirkungen auf die Arbeitsorganisation und die Pflegeinteraktion beschrieben.

Technisch-organisatorische Bedingungen und Restriktionen

Die wichtigsten betrieblichen Voraussetzungen für den Einsatz von Personenortungssystemen liegen in den Bereichen der Finanzierung und der technischen Infrastruktur, auf der die Geräte aufsetzen können. In beiden Fällen waren die Softwarekomponenten der jeweils benutzten Systeme problemlos mit den bereits vorhandenen technischen Anlagen kompatibel. So konnten die Überwachungsprogramme auf den Stationscomputern installiert und die Alarmfunktionen mit den Diensttelefonen der Mitarbeiter/innen bzw. den Rufanlagen verschaltet werden. Die Finanzierung der Funkarmbänder bzw. GPS-Geräte und der Betriebssysteme erfolgte in beiden Einrichtungen über die Investitionspauschale. Aufgrund der unterschiedlichen Beschaffungsmengen kommt es jeweils zu ungleichen Einschätzungen bezüglich der entstandenen finanziellen Belastung.

> „Im Vergleich zu der Technik, die man sonst im Pflegebereich einsetzt, ist das keine allzu große Investition mehr." (Leitungskraft J)

> „Die Sachen sind sehr, sehr teuer, muss man natürlich auch dazu sagen." (Leitungskraft D)

Im Wohnstift fallen für die mobilen Endgeräte, die für die Positionsbestimmung mit einer SIM-Karte ausgestattet sind, monatliche Grundgebühren im zweistelligen Bereich an. Diese Kosten werden auf die betreffenden Bewohner/innen bzw. deren Angehörige umgelegt.

Eine wichtige technische Voraussetzung von Weglaufschutz- und Personenortungssystemen liegt in ihrer Adaptivität. In dieser Hinsicht weisen die in den beiden Untersuchungseinrichtungen genutzten Geräte einige wesentliche Unterschiede auf, die sich vor allem auf den „Überwachungsaspekt" auswirken. Eine Dauerüberwachung, wie sie im Falle hybrider Ortungssysteme (vgl. „Funktionsbeschreibung von Weglaufschutz- und Personenortungssystemen") stattfindet, wäre mit der Technik, die in Einrichtung J angewendet wird, ebenfalls möglich.

> „Man könnte damit alle möglichen Dinge monitoren, Bewegungsverläufe und sehr vieles mehr. Im Prinzip ist das ganze System von der Software so angelegt, dass man alle Bewohner eines Hauses monitoren könnte." (Leitungskraft J)

Das kontinuierliche Monitoring muss hier aber nicht erfolgen, da die Software es zulässt, bestimmte Funktionen zu deaktivieren und das System den Anforderungen der Einrichtung anzupassen. Die Systemvariabilität erlaubt es den Mitarbeiter/inne/n in Einrichtung J außerdem, Einfluss darauf zu nehmen, wann ein Alarmsignal ausgelöst wird, da der Bewegungsradius der Bewohner/innen prinzipiell modellierbar ist. In Einrichtung D ist dies durch die Montage der stationären Empfänger festgelegt und liegt somit außerhalb der Dispositionsmöglichkeiten des Personals. Dieser Umstand hat freilich auch Auswirkungen auf die Pflegebedürftigen. Während im Falle des Wohnstiftes eine individualisierte Anpassung des Überwachungsmodus an die Fähigkeiten und Bedarfe der Bewohner/innen stattfindet, erfolgt die Anwendung im Seniorenheim standardisiert, unabhängig von möglichen Bedarfsunterschieden bei den Pflegebedürftigen. Mit der Adaptivität der jeweiligen Ortungstechnik sind also sowohl Fragen nach der Kontinuität der Überwachung als auch nach deren Individualisierungsmöglichkeiten berührt – je nachdem wird der Grad der Überwachung und ihrer Standardisierung entweder von der Technik vorgegeben oder von der Einrichtung bzw. den Pflegekräften entschieden.

Was die Anwendungshäufigkeit angeht, so werden die Ortungsgeräte in beiden Einrichtungen von den betreffenden Bewohner/inne/n (außer nachts) fast permanent getragen. Mit Blick auf die Einsatzfrequenz der Alarmfunktion, also das Eintreten des Falles, dass eine Person die Station bzw. den festgelegten Bewegungsraum verlässt, lassen sich keine exakten Angaben machen. Hierüber wird in den Einrichtungen keine Statistik geführt. Im untersuchten Wohnstift kommt dies, nach Angaben der befragten Pflegekräfte, bis zu drei Mal täglich vor, wobei es im Seniorenheim aus unterschiedlichen Gründen sehr viel häufiger der Fall ist. Zum einen tragen im untersuchten Wohnbereich zwölf Personen (im Wohnstift sind es lediglich zwei[30]) die Funksender. Allein hierdurch ist die Auftrittswahrscheinlichkeit eines Alarms deutlich erhöht. Zum anderen ist der Bewegungsradius auf der Station wesentlich kleiner als die jeweils freigegebenen Zonen um das Wohnstift herum, so dass die Bewohner/innen in Einrichtung D beim Umhergehen sehr viel schneller an die festgelegten Grenzen gelangen und der Alarm somit häufiger ausgelöst wird. Daneben befindet sich auf dem Wohnbereich ein Aufzug, an dem die stationären Empfänger für das Weglaufsicherungssystem befestigt sind. Dies führt dazu, dass bereits dann eine Signalübertragung zwischen den Funkarmbändern und den Empfängern stattfindet, wenn eine Trägerperson etwas näher an den Fahrstuhltüren vorbeiläuft. Durch diese einrichtungsspezifischen Umstände kommt es zu einer deutlich erhöhten Alarmfrequenz im Seniorenheim.[31]

Mit Blick auf die Integration der Ortungssysteme in den Betriebsablauf und die Arbeitsprozesse berichten beide Einrichtungen von wenig Aufwand.

„Es ist ein Handgriff mehr. Den kann ich in meinem Dienst ganz einfach einarbeiten." (Pflegekraft D1)

„Wir können das also relativ problemlos in die bisherigen Abläufe einbinden." (Pflegekraft J2)

Im Wohnstift konnten fast alle Tätigkeiten, die mit dem Technikeinsatz verbunden sind (An- und Ablegen der GPS-Geräte, Aufladen der Akkus, Bedienung der Software), an der Tagesstruktur orientiert und an bereits bestehende Abläufe angedockt werden. So werden die Geräte zum Zweck des Aufladens drei Mal täglich, zum Mittag- und Abendessen sowie zur Nachtzeit, angelegt und abge-

---

30 Darüber hinaus ist zu vermuten, dass sich die im Wohnstift lebenden Personen in einem weniger fortgeschrittenen Demenzstadium befinden als die Bewohner/innen des Pflegeheims.

31 Eines der Fallstudieninterviews fand im Stationszimmer von Einrichtung D statt. Allein während dieses knapp 45minütigen Gesprächs ertönte acht Mal das Alarmsignal des Weglaufschutzsystems. Hochgerechnet auf einen achtstündigen Arbeitstag käme man somit auf über 85 Alarme.

nommen, wobei zu diesen Zeitpunkten ohnehin Bewohnerkontakt besteht (Medikamentengabe, Essensbegleitung usw.).

Da das Computerprogramm die definierten Bewegungsradien abspeichert und diese nicht regelmäßig nachjustiert werden müssen, fällt hierfür kein größerer Arbeitsaufwand an. Allein die Alarmsituation, also wenn eine Bewohnerin den Definitionsbereich verlässt, entzieht sich der Planbarkeit und erfordert eine Unterbrechung der sonstigen Abläufe. In der Praxis sprechen sich die diensthabenden Pflegekräfte dann untereinander ab, wer an den Stationsrechner geht, den Standort der Pflegebedürftigen ermittelt, über eine Rückholaktion entscheidet und diese gegebenenfalls organisiert.

In Einrichtung D müssen die Funkarmbänder zwar nicht mehrmals am Tag gewechselt werden und die stationären Empfänger bedürfen keiner Bedienung oder Wartung durch die Mitarbeiter/innen. Der Aufwand aber, der im Zusammenhang mit der Technikbedienung steht, ist im Seniorenheim aufgrund der erhöhten Alarmfrequenz insgesamt um ein Vielfaches größer als im Wohnstift. Und dennoch wird von den Befragten von einer reibungslosen und gelungenen Integration der Ortungssysteme in die Betriebsabläufe berichtet („Man kommt sehr gut klar damit." Pflegekraft D1). Dieses scheinbare Paradoxon erklärt sich vor dem Hintergrund, dass in Einrichtung D ganz andere „Normalitätsannahmen" bezüglich der generellen Planbarkeit von Arbeitsabläufen dominieren als im Wohnstift. In letzterem wurde von einem relativ gut vorhersehbaren Arbeitsalltag sowie einer robusten Tagesstruktur berichtet und das Suchen und Auffinden verlorengegangener Bewohner/innen als eine Unterbrechung von Handlungsroutinen und Abweichung vom Regelfall dargestellt. Dagegen ist dem Demenzwohnbereich aufgrund der großen Anzahl von Personen mit Neigung zum „Wandering" schon vor der Technikeinführung die Abweichung gewissermaßen selbst zur Routine geworden. Friktionen im Arbeitsprozess standen in Einrichtung D also schon immer auf der Tagesordnung, und sie werden nach den Angaben der Pflegekräfte durch die Technik auch nicht vergrößert.

Ambivalente Akzeptanz zwischen Unbehagen, Technikvertrauen und Pragmatismus

Bei näherer Betrachtung der Technikakzeptanz zeigt sich bei den Pflegekräften mitunter eine ambivalente Haltung. Dies rührt vor allem daher, dass die Bewohner/innen dem Technikeinsatz teilweise mit offener Ablehnung gegenüberstehen, was zahlreiche Interviewaussagen deutlich illustrieren.

> „Wir haben manchmal Probleme damit, dass Bewohner diese Armbänder, in welcher Form auch immer, nicht akzeptieren. Das heißt, die ziehen die aus, die zerschneiden die, die werfen die weg." (Pflegekraft D2)

„Die Bewohnerin weiß das. Trotz ihrer Demenz weiß sie, was sich da mit dem Gerät abspielt. Sie akzeptiert das Gerät natürlich nicht [...] und manchmal schneidet sie den Gürtel durch." (Pflegekraft J1)

Zwar wird die aktive Widerständigkeit einiger Pflegebedürftiger gegenüber den Funkarmbändern bzw. den GPS-Geräten von den Pflegekräften nicht geteilt, sondern vielmehr im Zusammenhang mit deren eingeschränkter Einsichtsfähigkeit gedeutet. Doch löst insbesondere der Umstand, dass die Technik an den Bewohner/inne/n auch gegen deren Willen fixiert wird, zum Teil Unbehagen beim Personal aus.

„Manche Kollegen haben im Vorfeld der Einführung gesagt: ‚Ach muss man das mit den Leuten wirklich machen?' Weil da ja auch ein Schloss dran ist." (Pflegekraft J2)

Dieses Manko ist für die Pflegekräfte zwar nicht von der Hand zu weisen, es stellt für sie aber weder die Legitimation des Technikeinsatzes als solchen infrage, noch wird dadurch deren generelle Bereitschaft, mit dem Überwachungssystem zu arbeiten, maßgeblich beeinträchtigt. Zumal die Befragten auch keine echten Alternativen sehen, um alle Bewohner/innen rund um die Uhr im Auge zu behalten:

„Aber alle Bewohner im Blick zu haben, das ist ohne Technik nicht zu gewährleisten." (Pflegekraft D1)

Ein anderer Aspekt der Ambivalenz gegenüber dem Einsatz der Ortungsgeräte bezieht sich auf die Bereitschaft bzw. Fähigkeit des Personals, der Technik und ihrem reibungslosen Funktionieren zu vertrauen.[32] Verbunden mit der inneren Bereitschaft, „die Bewohner dann auch laufen zu lassen" (Pflegekraft D1), bildet Vertrauen das Fundament für die erhoffte Entlastung von der Dauersorge um weglaufgefährdete Bewohner/innen und den damit assoziierten Stressfolgen. Ein solches Technikvertrauen hat sich jedoch nicht bei allen befragten Pflegekräften gleichermaßen eingestellt.

„Obwohl ich mich bisher immer auf das Gerät verlassen konnte, habe ich immer noch im Hinterkopf: ‚Ist sie tatsächlich da, wenn das Gerät das anzeigt?' Das ist immer meine Angst." (Pflegekraft J1)

Auch wenn die oben zitierte Fachkraft bei sich ein mit der Zeit gewachsenes Sicherheitsgefühl beschreibt, sind doch bis heute „Restzweifel" geblieben. Dies lässt sich möglicherweise auf den Umstand zurückführen, dass die Technik im

---

32 Zum grundsätzlichen Problem des Technik-Vertrauens vgl. Wagner (1994). Hier ist im Zusammenhang mit dem sozialen Funktionieren technischer Artefakte explizit von einer „Vertrauensleistung" als Bedingung die Rede (a.a.O.: 145).

Wohnstift noch nicht so lange eingesetzt wird wie im untersuchten Seniorenheim. Mit dieser Überlegung korrespondieren zumindest die Aussagen der Befragten in Einrichtung D, wo das Weglaufschutzsystem bereits seit mehreren Jahren in Betrieb ist. Dort hat der gewohnheitsmäßige Technikgebrauch bei den Mitarbeiter/inne/n entsprechende Spuren hinterlassen:

> „Man hat das in den Routinen schon drin." (Pflegekraft D1)

Trotz der teilweise deutlich ambivalenten Haltung gegenüber der Überwachungstechnik werden die Geräte in den Einrichtungen konsequent eingesetzt. Weder das Unbehagen aufgrund von Bewohnerwiderständen noch die Angst vor einem Technikversagen scheinen bei den Fachkräften zu Akzeptanzverlusten zu führen.

> „Aber eigentlich waren wir alle froh, weil wir nicht mehr durch die Weltgeschichte mussten, um die Bewohner suchen zu gehen [...] und man wurde auch nicht mehr von den Angehörigen bedrängt." (Pflegekraft J2)

Vielmehr scheint der Umgang des Personals mit den Ortungssystemen von einem Pragmatismus geprägt, bei dem die Vorteile der Technik wegen des erhöhten Sicherheitsaspekts und der Arbeitserleichterung überwiegen und die Nachteile in Ermangelung an bekannten praktischen Alternativen gebilligt werden.

Vermittlungsanforderung und Übersetzungsleistung

In den Interviewgesprächen tauchen wiederkehrend einige Motive auf, die auf besondere personale Voraussetzungen im Zusammenhang mit dem Einsatz von Ortungsgeräten hindeuten. Gemeint sind damit weniger die technischen Fähigkeiten, die zur Bedienung notwendig sind – wenngleich der Umgang mit der Gerätesoftware durchaus größere Anforderungen an die Technikkompetenzen der Mitarbeiter/innen stellt, als dies beispielsweise bei Personenliftern der Fall zu sein scheint (vgl. das Kapitel „Hebe- und Tragehilfen"). Vielmehr sind im Zusammenhang mit den Ortungssystemen die personalen und sozialen Kompetenzen der Pflegekräfte angesprochen. So muss der Technikeinsatz im Zweifelsfall nicht nur dem Vormundschaftsgericht, den Angehörigen, Betreuern oder Vorsorgebevollmächtigten vermittelt werden, sondern vor allem und in erster Linie den betroffenen Pflegebedürftigen, gerade dann, wenn diese selbst nicht einwilligen können oder wollen. Juristisch mag die Überwachung bei Vorliegen der entsprechenden Voraussetzungen auch gegen den Willen der Bewohner/innen unproblematisch sein – ethisch, fachlich und vor allem mit Blick auf die Pflegeinteraktion ist sie dies jedoch keineswegs. Das Gleiche gilt für die Rückholaktionen und die Situationen, in denen die Pflegebedürftigen am Weitergehen gehindert werden. Die Anforderungen, die sich hieraus für die Mitarbeiter/innen ergeben, sind sehr vielschichtig. Auf der kommunikativen Ebene gilt es, gegenüber den Betroffenen immer wieder Überzeugungsarbeit zu leisten, sowohl was das Tragen der GPS-Geräte und Funkarmbänder als auch das Zurückholen einzelner Bewohner/innen anbetrifft.

> „Wir versuchen das ehrlich anzusprechen." (Pflegekraft D2)

> „Ich merke auch bei den Pflegekräften, dass die da unterschiedliche Mittel anwenden. Manchmal gelingt es einem direkt, dass der Bewohner mitkommt. Und wenn es nicht direkt gelingt, da sind die Mitarbeiter mittlerweile so erfahren und haben so viele Tricks drauf." (Qualitätsbeauftragter D)

Auf einer abstrakteren Ebene lassen sich diese in der Praxis angewandten „Tricks" als komplexe Integrationsleistung von zum Teil widersprüchlichen Arbeitsanforderungen ausdeuten, die in erster Linie mit dem interaktionsbezogenen Arbeitsvermögen der Pflegekräfte zu tun hat.[33] So hängt der Handlungserfolg (also das Anziehen des Transponders bzw. die Rückkehr auf Station etc.) davon ab, inwieweit es den Pflegekräften auf dem Wege der Verständigung, Beziehungsgestaltung und Gefühlsregulation gelingt, situativ Einfluss auf das Verhalten und Erleben der Bewohner/innen zu nehmen und gegebenenfalls Veränderungen herbeizuführen. Dabei glückt es keineswegs immer, ein Einvernehmen herzustellen, und dann handeln die Mitarbeiter/innen gegen den Willen der Pflegebedürftigen, geraten mitunter in Konflikt mit ihren eigenen fachlichen und moralischen Wertüberzeugungen. Wenngleich in den Gesprächen mit den Befragten keine regelrechten Skrupel gegenüber der Technikanwendung im Zwangskontext geäußert wurden, so schienen deswegen dennoch immer wieder auch Gefühle des Bedauerns und der Beklommenheit auf (vgl. dazu auch den vorigen Abschnitt zur „ambivalenten Akzeptanz"). Das Selbsterleben und der Umgang mit dem eigenen Unbehagen in solchen Situation – es einfach zu ertragen oder zu versuchen, es in einem übergeordneten Problemzusammenhang eines Sachzwanges aufzulösen – sind gleichermaßen wichtige wie voraussetzungsvolle Arbeitsanforderungen im Kontext des Einsatzes der Ortungsgeräte.

Ein weiterer Aspekt der Vermittlungsarbeit betrifft weniger die unmittelbare Pflegeinteraktion als vielmehr den Umgang mit den durch die Ortungssysteme ausgelösten Alarmsignalen. Mit letzteren ergeht an die Pflegekräfte eine technisch induzierte Aufforderung, darüber zu entscheiden, ob eine Pflegehandlung erfolgen soll oder nicht.

> „Die Mitarbeiter kennen ja ihre Bewohner, die dort leben und wissen ja auch genau, bei wem es wirklich sehr kritisch ist und wo man hingehen muss. [...] Das heißt, man muss das Signal auch schon in einer richtigen Weise interpretieren, um zu wissen, wie man darauf zu reagieren hat." (Leitungskraft D)

---

33 Ein differenziertes Modell dieser Integrationsleistung findet sich im Konzept der Interaktionsarbeit wieder (Böhle et al. 2015).

Die Entscheidung selbst, und damit auch die dazugehörige Situationseinschätzung sowie etwaige Abwägungsprozesse, bleibt freilich Aufgabe des Personals. Die besondere Vermittlungsanforderung, die hierin besteht, lässt sich als Übersetzungsleistung einer zunächst unspezifischen technischen Problemmeldung in eine professionelle Handlung beschreiben.

Neue Ordnung im Umgang mit der Weglaufproblematik

Die Auswirkungen des Technikeinsatzes auf die Organisation der Pflegearbeit fallen in den Untersuchungseinrichtungen sehr unterschiedlich aus. Dies dürfte weniger mit den eingesetzten Technikvarianten als vielmehr mit der Dominanz des herausfordernden Bewohnerverhaltens im Einrichtungsalltag und der damit verbundenen Nutzungshäufigkeit der Ortungsgeräte zu tun haben. Im Wohnstift J, wo das GPS-System nur von zwei Bewohnerinnen getragen wird, bleiben die technikassoziierten Tätigkeiten für das Personal überschaubar gering. Dadurch bestand bislang keine Notwendigkeit, Änderungen an den Arbeitsabläufen oder beim Personaleinsatz vorzunehmen, neue Aufgabenzuschnitte zu definieren oder die Arbeitsteilung umzuorganisieren. Die Technik konnte relativ aufwandsneutral in die vorgegebene Struktur eingefügt werden und die vorherrschenden Ordnungsprinzipien blieben unberührt.

> „Das schwimmt mit. Das wird ohne Aufwand in die üblichen Arbeitsabläufe der Pflegemitarbeiter integriert." (Leitungskraft J)

Anders verhält es sich jedoch in Einrichtung D. Vor dem Hintergrund, dass es sich beim untersuchten Wohnbereich um eine spezielle Versorgungsabteilung für Menschen im fortgeschrittenen Demenzstadium handelt, trifft der Technikeinsatz auf eine gänzlich unterschiedliche organisationale Ausgangssituation. Die Arbeitsorganisation im Seniorenheim ist von der extremen quantitativen Verdichtung der herausfordernden Verhaltensweisen geprägt, welche sich per definitionem Strukturvorgaben versperren (Bartholomeyczik et al. 2006). Durch die damit assoziierte Kontingenz – also der Unvorhersehbarkeit und Unsicherheit, ständige Unterbrechungen etc. – ist die Organisationspraxis hier viel stärker von Spontaneität und Situativität gekennzeichnet als im untersuchten Wohnstift.

> „Ich habe nicht die Möglichkeit dazusitzen und zu schreiben oder was anderes zu tun. [...] Auch nicht, wenn ich meinen Bürotag habe. Da habe ich morgens schon gepflegt, manch ein Bewohner geht einem im Kopf rum, das hakt man nicht einfach ab. Ich kann hier nicht einfach die Türe zumachen und ich sehe das alles nicht. Ich sehe da jemanden, ich sehe hier jemanden, hier klopft jemand, da piepst es [...] und man geht zügig hinterher." (Pflegekraft D2)

Da sich die Arbeitsorganisation dort immer wieder den spontanen Anforderungen ihrer speziellen Klientel unterordnen musste, hat sie sich nicht in dem Maße formalisiert wie in Einrichtung J. Dies führte im Seniorenheim einerseits dazu, dass die Technik relativ mühelos in den Arbeitsalltag integriert werden konnte, da hier einfach nicht so viele festgelegte Handlungsabläufe und Routinen vorherrschten, mit denen sie hätte in Konflikt geraten können. Zugleich konnte die Technik dadurch aber andererseits auch viel stärkerer Raum greifen. Da durch das Weglaufschutzsystem handlungsleitende Prozessvorgaben im Umgang mit dem problematischen Bewohnerverhalten vermittelt werden, an denen sich das Personal orientiert, wird die Technik im Wohnbereich gewissermaßen selbst tendenziell zu einem strukturbildenden Ordnungsprinzip.[34] Sie erfüllt für die Mitarbeiter/innen eine Ordnungsfunktion, indem sie ihnen gerade diejenigen Tätigkeiten erleichtert und zum Teil abnimmt, die als besonders diffus und unübersichtlich betrachtet werden, nämlich die Beobachtungs- und Überwachungsaufgaben im Zusammenhang mit den weglaufgefährdeten Pflegebedürftigen. Somit wird auf der Ebene der Arbeitsorganisation das Ortungssystem zu einem Instrument der Kontingenzbewältigung.

Rückgang der Weglaufproblematik und Entlastung der Pflegekräfte

Was die Auswirkungen der Gerätenutzung auf das Phänomen des *Wandering* anbelangt, berichten die Befragten in beiden Einrichtungen von einer überwiegenden Erfüllung der Erwartungen und Ziele, die mit dem Technikeinsatz verbunden waren. Sowohl auf der Leitungs- als auch auf der Mitarbeiterebene ist davon die Rede, dass seit Einführung der Ortungsgeräte keine Situationen mehr aufgetreten sind, in denen Bewohner/innen im Wortsinne verlorengegangen sind und Vermisstenmeldungen oder großangelegte Suchaktionen die Folge waren.

> „Weil wir wirklich sehen, seitdem, es ist jetzt seit 2006, dass in der ganzen Zeit so gut wie keiner mehr unbemerkt das Haus verlassen hat." (Leitungskraft D)

Bezogen auf die Entlastung der Mitarbeiter/innen schildern die Befragten beider Einrichtungen zwar durchaus Erfolge mit Blick auf einen Entspannungseffekt. Hierbei spielen vor allem die weiter oben ausgeführten Aspekte der Kontingenzbewältigung und stärkeren Kalkulierbarkeit im Umgang mit dem herausfordernden Bewohnerverhalten eine Rolle.

> „Früher hat man immer sehr viel Angst gehabt, heute kann man sich auf das Gerät verlassen." (Pflegekraft D2)

---

34   In radikaler Konsequenz wäre eine technische Neuordnung denkbar, die die Stationsumwelt mit Blick auf die Weglaufproblematik vollständig auf die binäre Codierung „Alarm/kein Alarm" reduziert – was im untersuchten Wohnbereich nicht der Fall ist. In einem solchen Szenario würden die komplexen Arbeitsanforderungen im Vorfeld akuter Weglaufsituationen (Beobachtung, Einschätzung und Interpretation von Bewohnerverhalten) vollständig aus dem Pflegezusammenhang verschwinden.

„Zu fünf Prozent hat man es [die Sorge] noch im Kopf und die anderen fünfund-neunzig Prozent ist man entspannt." (Pflegekraft J1)

Im untersuchten Seniorenheim kommen jedoch aufgrund der hohen Alarmfre-quenz, der Geräuschkulisse und dem damit verbundenen Aufforderungscharak-ter auch neue Störfaktoren hinzu.

„Wenn es natürlich überall blinkt und piept und ... äh ... und an jeder Tür einer rausgeht, dann ist es natürlich auch eine Belastung." (Leitungskraft D)

„Das ist manchmal schon lästig. Aber wir reagieren trotzdem auf jedes Piepsen." (Pflegekraft D1)

Inwieweit die neuen Belastungen, die mit der Technikbedienung einhergehen, die mitarbeiterbezogene Stressentlastung durch das Verhindern aufwändiger Suchaktionen überstrahlen, kann an dieser Stelle nicht abschließend rekonstru-iert werden. Im vorliegenden Fall scheinen zumindest im Erleben der befragten Fachkräfte die positiven Folgen der Techniknutzung zu überwiegen.

Neben dem (zumindest graduellen) Rückgang der Stressbelastung durch die andauernde Sorge um die weglaufgefährdeten Pflegebedürftigen hat sich aus Sicht der Befragten auch der Abstimmungs- und Koordinierungsaufwand in den Einrichtungen reduziert.

„Wir haben [früher] ständig an der Rezeption Bescheid gegeben, an der Küche Bescheid gegeben: ‚Achtet darauf, wenn sie [die Bewohnerin] draußen ist, holt sie wieder rein.' Auch untereinander mussten wir uns absprechen." (Pflegekraft J2)

Insgesamt würde dem Thema „Weglaufen" seit Einführung der Ortungssysteme in den Einrichtungen mit einer größeren Gelassenheit begegnet, und es herrsche ein ruhigerer Umgang damit.

„Man sieht der Sache mit dem Weglaufen insgesamt etwas gelassener entgegen." (Pflegekraft D2)

Da die Mitarbeiter/innen in tatsächlichen Weglaufsituationen die Standorte der Bewohner/innen nun genau kennen würden, verliefen die Rückholaktionen heute wesentlich souveräner als früher, wo dem Finden zum Teil eine panische Suche vorausgegangen war. Dies hätte einen mittelbaren Einfluss auf die Bewohner/in-nen, auf die sich diese Aufregung nicht mehr übertrüge, was wiederum die Ar-beit für die Pflegekräfte erleichtere.

„Weniger Stress für den Bewohner ist auch weniger Stress für uns." (Pflegekraft D1)

Pflege am Überwachungsstand?

Wenngleich den Weglaufschutz- und Personenortungssystemen durchaus positive Effekte mit Blick auf die Arbeitsorganisation und Personalentlastung zugesprochen werden können, bergen sie aus Sicht der Befragten auch Schattensei-
ten. In den vorigen Abschnitten wurde beschrieben, wie sich der Umgang mit
dem Phänomen des Wandering für die Einrichtungen durch den Technikeinsatz
ein Stück weit handhabbarer gestalten lässt, indem Beobachtungs- und Beauf-
sichtigungsaufgaben von den Ortungsgeräten übernommen werden. Dies wurde
in erster Linie mit einer ordnenden und entlastenden Funktion verbunden. Doch
die „oktroyierte Ordnungsleistung technischer Sachstrukturen" (Wagner 1994:
147) verfügt auch über eine Kehrseite, die in einigen Interviewaussagen zum
Teil sehr deutlich durchscheint.

> „Das ist schon automatisch in einem drin: Da piepst was – man guckt." (Pflege-
> kraft D2)

Die partielle Übergabe der Aufsichtsverantwortung an die Technik scheint hier
gleichermaßen mit einer Tendenz zur Übernahme von technischen Handlungs-
logiken durch die Pflegekräfte verkoppelt zu sein. Die oben angeführte Fachkraft schildert diese Kopplung gar in der Qualität einer klassischen Konditionie-
rung, bei der ein Stimulus („Da piepst was") zu einer unwillkürlichen („automatischen") Reaktion führt („man guckt").

Dennoch haben sich etwaige Befürchtungen, dadurch könne sich die Pflege
als Interaktionsarbeit zur „Pflege am Überwachungsstand" wandeln und das Personal würde sich in der Folge immer stärker auf die automatisierte Aufenthalts-
kontrolle abstützen als auf seine professionelle Menschenkenntnis, Intuition und
Erfahrung, nach Aussage der Befragten nicht bewahrheitet. Auch die Sorge,
dementielle Verhaltensweisen würden im Kontext des Technikeinsatzes immer
weniger als Ausdruck existenzieller menschlicher Bedürfnisse erkannt, sondern
auf „Störfälle" verkürzt und bloß noch wie technische Probleme abgearbeitet
werden, habe sich nicht bestätigt. Ebenso wenig habe sich im Zusammenhang
mit dieser Überlegung gezeigt, dass die regelmäßige technische Anordnung einer
Pflegehandlung diese gleichsam in einen Automatismus verwandelt.

Vor dem Hintergrund dieser Einschätzungen fanden sich trotzdem in beiden
Einrichtungen Hinweise, die negative Entwicklungspotenziale mit Blick auf die
angedeuteten Szenarien offenbaren. So zeigt sich beispielsweise in Einrichtung
D die Tendenz, dass Kontaktsituationen zwischen den Bewohnern und dem Personal immer häufiger alarminduziert, also technikvermittelt sind und vor allem
auf die Regulation des herausfordernden Bewohnerverhaltens abstellen. Rückblickend wurden die Bewohnerkontakte vor Einführung der Personenortung
Technikeinführung als stärker sozialvermittelt (über die Anwesenheit des Perso-

nals im Wohn- und Aufenthaltsbereich) geschildert; sie entstanden häufiger spontan und ohne zweckrationalen Hintersinn. Im Zusammenhang mit dieser Entwicklung steht gleichermaßen eine verstärkte Konzentration der Arbeit auf das Schwesternzimmer, da sich hier der zentrale Ort der Technikbedienung befindet.

Wenngleich in Einrichtung J nicht annähernd so viel Zeit für die Technikbedienung gebunden ist wie im untersuchten Seniorenheim, zeigen sich auch hier negative Entwicklungstendenzen, und zwar mit Blick auf eine fachlich adäquate Organisation der Rückholaktionen. Während Einrichtung D versucht, den angesprochenen Risiken einer „technokratischen Abarbeitung" dementieller Verhaltensweisen durch den Einsatz gerontopsychiatrisch qualifizierter Fachkräfte entgegenzuwirken, die durch Weiterbildungen zur Validation fähig sind, existieren solche qualifikatorischen Bedingungen im Wohnstift nicht. Hier wird das Zurückholen zu einer delegierbaren Aushilfstätigkeit.

> „Das muss nicht unbedingt eine Pflegekraft sein, das kann auch der Hausmeister machen." (Pflegekraft J1)

Die an anderer Stelle bereits angesprochene Akzeptanzproblematik seitens der Bewohner/innen, die den Geräten mitunter Widerstände entgegenbringen (siehe „Ambivalente Akzeptanz"), deutet auf einen weiteren schwierigen Aspekt im Zusammenhang mit der Überwachungstechnik hin. Der Umstand, dass sich die Pflegebedürftigen zum Teil heftig gegen das Tragen der Armbänder bzw. GPS-Geräte wehren, lässt sich – bei aller wohlmeinenden Inklusionsrhetorik – nicht einfach im Kontext der „Freiheitsermöglichung" semantisch auflösen. Das ethische Dilemma („Freiheit vs. Zwang") bleibt fortbestehen, ungeachtet der vielen Vorteile und positiven Effekte, die die Weglaufschutz- und Personenortungssysteme den Einrichtungen auch bringen mögen. Durch Technik vermittelte Machbarkeitsannahmen sollten weder dazu führen, Elemente der Freiheitseinschränkung zu verschleiern, noch zu einem Gedankenabbruch um mögliche Alternativen zur Technikanwendung beitragen.

3.3.7 Resümee

Die Ergebnisse der Technologiefallstudie zeigen, wie Weglaufschutz- und Personenortungssysteme dazu beitragen können, Auswirkungen von herausfordernden Verhaltensweisen für Pflegeeinrichtungen einzugrenzen. Der personelle, materielle und zeitliche Ressourcenaufwand im Umgang mit den Orientierungsschwierigkeiten bzw. der Weglaufgefährdung von Pflegebedürftigen, vor allem aber die emotionalen Belastungssituationen für das Personal in akuten Weglaufsituationen, ließen sich in den Untersuchungseinrichtungen durch den Einsatz der Ortungsgeräte reduzieren. Aus Sicht der Fachkräfte handelt es sich bei den

Weglaufschutzsystemen um Hilfsmittel zur Erfüllung ihrer Aufsichtsverantwortung. Dabei fungiert die Überwachungstechnik vor allem als Instrument der Kontingenzbewältigung: Als diffus und unter den gegebenen personell-zeitlichen Rahmenbedingungen teilweise als kaum einlösbar erlebte Beobachtungs- und Beaufsichtigungsanforderungen werden für die Mitarbeiter/innen durch die Maschinen kalkulierbarer.

Gleichwohl gibt die Untersuchung aber auch Hinweise darauf, dass die Gerätenutzung auf die Pflegeprozesse und die Arbeitsorganisation in den stationären Einrichtungen zurückwirkt. Je nachdem, wie stark die Technik zum Einsatz kommt (also wie viele Bewohner/innen überwacht werden und wie ausgeprägt deren Weglauftendenzen sind) entwickelt sich auch ihr strukturierender Einfluss auf die Arbeitsprozesse und damit einhergehende Herausforderungen für die Pflegeinteraktion. Konkret bedeutet das: Indem die Technik den Pflegekräften Aufgaben abnimmt, macht sie ihnen zugleich Prozessvorgaben. Neben den hiermit verbundenen Bedienungsaufgaben kommen vor allem neue Vermittlungsanforderungen für die Mitarbeiter/innen dazu. So müssen die Fachkräfte die standardisierten Handlungsaufforderungen der Technik immer wieder neu interpretieren und in individualisierte Pflegehandlungen übersetzen. Mit Blick auf die Pflegeinteraktion hat sich gezeigt, dass sich mit fortschreitendem Geräteeinsatz sowohl die Kontaktentstehung zwischen Personal und Bewohnerschaft als auch ihr Anlass verändert hat. Waren solche Kontaktsituationen vor der Technikeinführung eher sozialvermittelt (also über die Anwesenheit der Pflegekräfte in den Wohn- und Aufenthaltsbereichen), häufiger spontan und ohne zweckrationalen Hintersinn, erfolgen sie jetzt häufiger auf „Anordnung" der Technik und stellen in erster Linie auf Verhaltensregulation ab. In diesem Zusammenhang ist zugleich eine verstärkte Konzentration der Arbeit auf das Stationszimmer als zentralen Ort der Technikbedienung zu beobachten.

Die Pflegeinterkation ist durch die Ortungssysteme aber auch insofern betroffen, als dem Tragen der Funkarmbänder bzw. GPS-Geräte vonseiten der Pflegebedürftigen teils Widerstände entgegengebracht werden. Hier ist es dann ebenfalls eine Vermittlungsaufgabe der Pflegekräfte, den Technikeinsatz konsequent umzusetzen.

Im Spannungsfeld von Selbstbestimmung, Sicherheit, Freiheitsermöglichung und Zwang und in Hinblick auf das damit verbundene ethische Dilemma, stellen Weglaufschutz- und Personenortungssysteme für die Befragten zwar keine Ideallösung im Umgang mit herausforderndem Bewohnerverhalten dar. Angesichts der knappen Betreuungskapazitäten und fehlenden Investitionsmittel für (beispielsweise architektonische) Lösungsalternativen ist die elektronische Überwachung der Pflegebedürftigen aus Sicht der untersuchten Einrichtungen jedoch pragmatisch vertretbar.

3.4   Außerklinische Intensivpflege

3.4.1   Hintergrund

Die Versorgung von schwer erkrankten Menschen hat sich seit Beginn der 80er Jahre zunehmend aus den Kliniken in andere Versorgungsformen verlagert. Dabei handelt es sich um Personen, die meist dauerhaft therapeutischer und komplexer technischer Unterstützung bedürfen, um den Verlust ihrer Vitalfunktionen zu kompensieren oder um weitergehende Schädigungen oder den Tod zu verhindern (Ewers 2010). Als Treiber für die außerklinische Versorgung dieser Patientengruppe ist zunächst die Einführung von Fallpauschalen zu benennen, die in Deutschland zu tiefgreifenden Veränderungen im Kostenmanagement von Krankenhäusern geführt hat. Auch schwerkranke Menschen, die für das Überleben auf technische Hilfen angewiesen sind, bleiben nur solange in den Intensivstationen, bis die Akutversorgung ihrer Erkrankungen abgeschlossen ist. Eine darüber hinausgehende Versorgung im Akutkrankenhaus ist im Finanzierungssystem nicht vorgesehen. Aber auch andere Entwicklungen und Faktoren haben den Ausbau außerklinischer Versorgungsformen befördert:

– Die meisten Menschen äußern auch im Falle schwerer Erkrankungen den Wunsch nach einer Versorgung im vertrauten Wohnumfeld.

– Durch den medizinischen und technischen Fortschritt haben auch Menschen mit schwersten Erkrankungen eine längere Lebenserwartung.

– Durch außerklinische Versorgungsformen können typische Risiken von Hospitalisierung vermieden werden, wie z.B. Infektionen mit multiresistenten Keimen.

– Als weitere Argumente werden mögliche Kosteneinsparungen auf Seiten der Krankenkassen sowie Gewinnstreben bei den Hilfsmittelanbietern, die die technische Apparatur zur Verfügung stellen, ins Feld geführt (BMBF 2005).

Unter außerklinischer Intensivpflege ist in einer sehr allgemeinen Definition die Weiterführung der Versorgung schwerkranker Menschen nach einer Phase klinischer Intensivpflege zu verstehen. Ebenso wie die klinische Intensivpflege ist dieser Arbeitsbereich durch eine hohe Technikaffinität geprägt; Beatmungs- und Infusionsgeräte sowie Monitoringsysteme gehören zur alltäglichen Arbeitsroutine (Hülsken-Giesler 2010) und ermöglichen erst die außerhäusliche Versorgung dieser Patientengruppe. Grundsätzlich ist zwischen ambulanten und stationären Organisationsformen der außerklinischen Intensivpflege zu unterscheiden. In beiden Feldern ist ein erhebliches Forschungsdefizit zu konstatieren, sodass für den deutschsprachigen Raum kaum wissenschaftliche Studien über den Verbreitungsgrad solcher Angebote, über strukturelle Merkmale der Ausgestaltung oder gar Aspekte von Arbeitsqualität vorliegen (Ewers 2010). Nach Schätzungen des Bundesverbands privater Anbieter (bpa) gibt es in Deutschland derzeit ca. 600 Anbieter ambulanter Intensivpflegedienste. Diese Dienste übernehmen Intensivpflege in Form von Eins-zu-eins-Betreuungen in der Häuslichkeit des Kranken oder sie bilden ambulant organisierte Wohngemeinschaften, in denen mehrere Patient/inn/en zugleich versorgt werden. Auf der anderen Seite gibt es auch Pflegeheime, die Intensivpflegepatient/inn/en versorgen. Über die Zahl solcher Einrichtungen ist jedoch wenig bekannt, auch nicht darüber, in wie vielen Fällen die Versorgung in dazu speziell eingerichteten Abteilungen der Pflegeheime durchgeführt wird oder ob einzelne Patient/inn/en in die normalen Wohnbereiche integriert werden. In verschiedenen Quellen wird jedoch auf die steigende strategische Bedeutung dieser Patientengruppe für Anbieter von Pflegeheimen verwiesen (z.B. Qualidata 2008; Lennartz/Kersel 2011). Unabhängig von ambulanten oder stationären Organisationsformen werden deutschlandweit etwas über eine halbe Million Patient/inn/en außerhalb von Kliniken in unterschiedlicher Form beatmet (Die Welt 2012).

Studien, die Einblicke in das spezifische Belastungsprofil einer Arbeit mit Intensivpflegepatienten, aber auch in die Potenziale und Herausforderungen dieses Feldes geben, sind rar und beziehen sich eher auf den klinischen Sektor. Eine Studie von Siegling und Isfort ergab eine vergleichsweise hohe Zufriedenheit von Intensivpfleger/inne/n mit den Arbeitsinhalten. Als befriedigend empfanden die meisten Befragten typische Merkmale der intensivpflegerischen Arbeit, wie z.B. die höhere Selbstständigkeit und Selbstbestimmung im Arbeitsprozess, die Vielzahl von Leistungen am Patienten, die eine sofortige Wirkung zeigen, sowie Arbeit mit einem hohen Technisierungsgrad (Siegling/Isfort 2014). Allerdings zeigten sich auch größere Schwankungen im Antwortverhalten, was darauf schließen lässt, dass Aspekte der Arbeitsorganisation einen entscheidenden Einfluss darauf haben, wie die Arbeit in der Intensivpflege bewertet wird. Als beeinflussende Faktoren auf die Arbeitszufriedenheit wurden z.B. die Einbindung in ein Team oder eine Feedback-Kultur aufgeführt.

Eine weitere Studie, die auf acht narrativen Interviews beruht, veranschaulichte die besonderen Herausforderungen der häuslichen Intensivpflege (Gödecke/Kohlen 2013). Die Autor/inn/en betonen vor allem die Probleme der Grenzziehung in einer extrem auf Nähe ausgerichteten Betreuungskonstellation sowie die Anforderung eines Aushandlungsprozesses der gemeinsamen Verantwortung mit den Angehörigen.

3.4.2 *Funktionsbeschreibung der Apparaturen zur außerklinischen Intensivpflege*

In der außerklinischen Intensivpflege übernehmen Maschinen lebenswichtige Funktionen bei Menschen, die diese aufgrund ihrer Erkrankungen nicht mehr selbstständig leisten können. Im Zentrum der intensivpflegerischen Arbeit steht die so genannte Heimbeatmung, bei der zwischen einer invasiven und einer nicht-invasiven Form unterschieden wird. Bei der invasiven Beatmung wird der Patient unter Sedierung über eine Trachealkanüle, die durch den Hals direkt in die Luftröhre führt, beatmet. Bei der nicht-invasiven Beatmung werden spezielle, teilweise maßgefertigte Masken benutzt (Sowinski et al. 2015). Während die invasive Beatmung in der Regel kontinuierlich durchgeführt wird, ist die Beatmung über Masken im Einsatz flexibler. Neben der Beatmung sind die Patient/innen/en an Überwachungsgeräte angeschlossen, die vitale Funktionen wie Herzfrequenz, Herzrhythmus, peripheren Puls, zentralen Venendruck, arteriellen Blutdruck, Atemfrequenz und Temperatur kontinuierlich messen und über Monitore anzeigen (ebenda). Zusätzlich werden Inhalatoren und Vernebler eingesetzt, die die Luft befeuchten und erwärmen, sowie technische Geräte zum endotrachealen Absaugen über einen Tubus oder eine Trachealkanüle.

Neben der Beatmung müssen die Patienten häufig mit einer durch die Bauchdecke gelegten Sonde, der so genannten perkutanen endoskopischen Gastrostomie (PEG), künstlich ernährt werden. Je nach Krankheitsbild kommen zudem noch weitere Technikformen zum Einsatz, z.B. im Rahmen von Dialyse- oder Infusionstherapien.

Ein hoher Technikeinsatz bildet die Voraussetzung der außerklinischen Intensivpflege. Alle intensivpflegerischen Maßnahmen bedürfen besonderer Sorgfalt, weil durch unsachgemäßen Gebrauch lebensgefährliche Komplikationen wie Verkeimungen oder Verletzungen auftreten können. Deshalb sind für die Mitarbeiter/innen der Intensivpflege spezifische Qualifikationsanforderungen vorgegeben (siehe Abschnitt „Implementationswege und Qualifizierung").

Die außerklinische Intensivpflege findet grundsätzlich in drei Organisationsformen statt:

–   Einzelne Patienten mit intensivpflegerischem Bedarf werden von ambulanten Diensten oder Pflegeheimen ohne spezialisiertes Profil mit versorgt.
–   Die Pflege findet in der Häuslichkeit des Kranken statt und wird von einem Intensivpflegedienst übernommen. In einer speziellen Variante dieser Organisationsform bilden die Pflegedienste „Mini-Wohngemeinschaften" und versorgen dort eine kleinere Gruppe von Patienten gemeinsam.
–   Die Pflege findet in einer speziellen Abteilung eines Pflegeheims statt.

Um die Auswirkungen des Technikeinsatzes auf die Arbeitsbedingungen besser nachvollziehen zu können, wurden die Fallstudien in den spezialisierten Organisationen durchgeführt. Die häusliche Intensivpflege wurde in einer Untersuchungseinrichtung in Südwestdeutschland analysiert. Es handelt sich um einen privaten Pflegedienst, der ausschließlich häusliche Intensivpflege an mehreren Standorten Deutschlands betreibt. Während an anderen Standorten auch Wohngemeinschaften aufgebaut wurden, arbeitet die befragte Untersuchungseinrichtung über fünf Jahren aufsuchend in der Häuslichkeit der Patient/inn/en. Zum Zeitpunkt der Befragung wurden 18 Patient/inn/en mit Intensivpflegebedarf versorgt. Von diesen befanden sich zwei im Wachkoma, die anderen wurden je nach Krankheitsstadium vollständig oder teilweise beatmet. Drei Patient/inn/en waren Kinder bzw. Jugendliche. Beschäftigt sind insgesamt 168 Mitarbeiter/innen. Über ein Viertel der Pflegekräfte war zum Erhebungszeitpunkt männlichen Geschlechts, was im Pflegesektor einen vergleichsweise hohen Anteil darstellt. Angegliedert an den Pflegedienst ist eine eigene Pflegeschule, in der umfassend Fortbildungen sowie Fachweiterbildungen in außerklinischer Intensivpflege angeboten werden (vgl. Implementationswege). Aufgrund der hohen fachlichen Anforderungen wurden keine un- oder angelernten Kräfte, sondern nur Pflegefachkräfte beschäftigt. Befragt wurden die Pflegedienstleitung sowie 15 Mitarbeiter/innen in Form von Gruppeninterviews.

Die zweite Untersuchungseinrichtung betreibt außerklinische Intensivpflege in einer speziellen Abteilung eines ebenfalls in Südwestdeutschland gelegenen Pflegeheims. Betreiber der Einrichtung mit 126 Plätzen ist ein öffentlich getragenes Akutkrankenhaus, dass sich in räumlicher Nähe befindet und dessen Rettungsdienst in Notfällen schnell vor Ort sein kann. Die 14 Plätze für Intensivpflege sind in Einzelzimmern angeordnet und befinden sich im Erdgeschoss. Mit weiteren zehn Bewohner/inne/n bilden sie eine zusammengefasste organisatorische Einheit. Aufgrund schwankender Nachfrage sind die Plätze der Intensivpflege nicht immer ausgelastet. Zum Zeitpunkt der Interviews wurden sieben Intensivpflegepatient/inn/en zwischen 40 und 90 Jahren versorgt, darunter etwa zur Hälfte Personen im Wachkoma und Patient/inn/en, die aufgrund ihrer Erkrankung, in der Regel COPD[35], teilweise oder vollständig beatmet werden mussten. In der Pflege waren insgesamt 46 Personen beschäftigt. In der speziellen Abteilung wurde zum Zeitpunkt der Interviews mit einem Fachkräfteanteil von 80 Prozent gearbeitet. Der Frauenanteil unter den Beschäftigten liegt bei typischen 87 Prozent. Befragt wurden die Heimleitung, die Pflegedienstleitung, die Wohnbereichsleitung sowie eine Auszubildende der Intensivpflegeabteilung.[36]

3.4.3   Historische Erfahrungen

Wie bereits in der Einleitung des Kapitels beschrieben, besteht im Hinblick auf die außerklinische Intensivpflege ein erhebliches Forschungsdefizit (Ewers

---

35 Chronic obstructive pulmonary disease (COPD), chronisch-obstruktive Lungenerkrankung.
36 Zum Zeitpunkt der Befragung konnten aufgrund eines Notfalls keine weiteren Beschäftigten befragt werden.

2010), sodass es schwierig ist, verlässliche Aussagen über die historische Entwicklung in diesem Feld zu treffen. Der Ursprung der Intensivpflege liegt im Akutkrankenhaus, in dem seit den 1950er Jahren eine Differenzierung von Normalstationen und Intensivstationen mit einer speziellen technischen Ausstattung und einem erhöhten Personalansatz stattgefunden hat. Seit jeher ist die Intensivpflege von einer Medizinnähe und einem hohen Technikeinsatz geprägt, der sich auch auf das Arbeitshandeln der Pflegenden ausgewirkt hat.

Seit den 1980er Jahren werden zunehmend Patienten aus dem Krankenhaus in die nachstationäre Versorgung entlassen. Dies ist möglich, weil die entsprechende Technik auch für die außerklinische Versorgung zur Verfügung gestellt werden konnte. Nach den Ergebnissen einzelner Studien hat sich seit den Anfängen der außerklinischen Intensivpflege die technische Apparatur jedoch erheblich verändert (Bick 2007). Die Geräte sind kleiner und handlicher geworden, sodass sie noch mobiler eingesetzt werden können und für die Patient/inn/en und ihre Angehörigen weniger abschreckend wirken. Dennoch sind die Geräte teilweise mit unangenehmen Geräuschen verbunden, die zu Akzeptanzproblemen führen können.

3.4.4 Ziele des Technikeinsatzes

Im Gegensatz zu den anderen Feldern, die in diesem Projekt untersucht wurden, ist der Technikeinsatz in der außerklinischen Intensivpflege nicht fakultativ, sondern ein notwendiger Bedingungsfaktor, auf den die pflegerische Versorgung aufsetzt. Als übergeordnetes Ziel des Technikeinsatzes kann demnach formuliert werden, dass die Technik dazu dient, eine Versorgung der Patient/inn/en außerhalb des klinischen Rahmens überhaupt erst zu ermöglichen.

In den Interviews schilderten die befragten Leitungskräfte die Motive, die zu einer Entscheidung für das Versorgungsangebot in der Intensivpflege geführt haben. In der stationären Pflegeeinrichtung war die Entscheidung, eine Intensivpflege aufzubauen, nicht finanziell motiviert. Im Gegenteil stellte sich der Träger darauf ein, dass vor dem Hintergrund der sich abzeichnenden Finanzierungsoption über das Sozialgesetzbuch Elf (Pflegeversicherung) eher unzureichende Erlöse zu erwarten waren. Ausschlaggebend für die Ausrichtung auf Intensivpflege war der im eigenen Krankenhaus festzustellende Bedarf nach einer qualifizierten Weiterversorgungsmöglichkeit von schwerstkranken Patient/inn/en im Anschluss an die Akutbehandlung. Vor dem Hintergrund sinkender Verweildauern wollte man die Möglichkeiten erhöhen, Patient/inn/en schneller aus dem Akutbereich zu entlassen. Zudem wurde ein steigender Bedarf für solche Patientengruppen antizipiert, der letztlich den Entschluss der Neugründung veranlasste.

„Überall wurde die Erfahrung gesammelt, dass die Kliniken darauf drängen, solche Patienten ab einem gewissen Stadium zu entlassen. Aus Krankenhaussicht sind die quasi austherapiert, und es ist keine körperliche Verbesserung mehr zu erwarten, sodass das Pflegeziel ist, den Zustand stabil zu halten." (Leitungskraft 1G)

Von Beginn an wurde der Schwerpunkt auf eine abteilungsförmige Lösung gelegt, damit die notwendigen organisationalen und personellen Voraussetzungen geschaffen werden konnten.

„Wir wollten das nicht so machen wie andere Heime, die einzelne Wachkoma-Patienten einfach mitbetreuen, sondern wir wollten da schon eine eigene Abteilung mit einem spezifischen Qualifikationsniveau errichten. Denn die andere Alternative halten wir fachlich für sehr problematisch." (Leitungskraft 2G)

Auch bei dem ambulanten Anbieter war der strategische Ausgangspunkt der ungedeckte Bedarf in der außerklinischen Versorgung von Intensivpflegepatienten. Sowohl die Krankenkassen als auch die Kliniken waren immer wieder mit Anfragen auf den Träger zugekommen, was den Träger zu einer Spezialisierung auf diese Patientengruppe bewogen hatte. Die ursprüngliche Gründung einer Wohngemeinschaft am Standort der Untersuchungseinrichtung, in der mehrere Patienten zusammengefasst hätten versorgt werden können, scheiterte an Widerständen im Wohnumfeld. Die Bevölkerung lehnte es ab, sich in der direkten Nachbarschaft häufig mit dem Sterben von Menschen auseinandersetzen zu müssen.

„Die Befürchtung war: Dann steht hier jeden Tag ein Leichenwagen vor dem Haus" (Leitungskraft 1H)

Mit ausschlaggebend für die Entscheidung des Trägers könnten jedoch auch die vergleichsweise guten Finanzierungsbedingungen in der ambulanten Intensivpflege gewesen sein (vgl. Erfahrungen mit dem Technikeinsatz).

3.4.5   *Implementationswege und Qualifizierung*

Im Gegensatz zu anderen Investitionen für die technische Unterstützung der Pflegearbeit sind die Hilfsmittel zur Ausübung der außerklinischen Intensivpflege alternativlos, weil diese die Voraussetzung für eine Entlassung aus dem Krankenhaus bilden.

„Technik spielt bei uns eine große Rolle, weil die Patienten brauchen das eben. Es ist ein Hauptbestandteil unserer Arbeit." (Leitungskraft 1H)

Allerdings sind die technischen Apparaturen in diesem Sektor auf den individuellen Bedarf angepasste Systeme im Privateigentum der Patienten bzw. eine Leihgabe der finanzierenden Krankenkasse. Die versorgenden ambulanten und stationären Einrichtungen sind hingegen in der Regel nur mit einzelnen zusätzlichen Notgeräten ausgestattet.

Aufgrund der Spezifik der Tätigkeit sind besondere Anforderungen an die Sorgfalt der Einführung von Intensivpflege zu stellen. Unabhängig vom Sektor haben die Untersuchungseinrichtungen berichtet, dass die Intensivpflege aus diesem Grund sukzessive aufgebaut wurde. In der ambulanten Pflege wurden z.B. zunächst nur einzelne Patienten versorgt und die Patientengruppe von 18 Personen sowie das Team nach und nach komplettiert. Auch in der stationären Pflege erfolgte der Aufbau der Abteilung stufenweise, beginnend mit einem ersten Patienten.

„Wir haben uns erst einmal herangetastet mit einem Patienten. Dann haben wir in einem Zwischenschritt auf vier Patienten aufgestockt und schließlich die kompletten genehmigten Plätze gefüllt. Das war das richtige Vorgehen." (Leitungskraft 1G)

Durch den vorsichtigen Einstieg wollte man sicherstellen, dass in der Implementationsphase keine Überforderung des Personals auftrat, die zu etwaigen Risiken für die Patienten hätte führen können.

Einen breiten Raum nahm in der außerklinischen Intensivpflege die Vorbereitung des Personals ein. Damit eine außerklinische Intensivpflege betrieben werden darf und ein entsprechender Rahmenvertrag mit den Kassen zustande kommt, sind im Hinblick auf das Personal bestimmte Qualifikationsanforderungen zu erfüllen. In der S2-Leitlinie der Deutschen Gesellschaft für Pneumologie und Beatmungsmedizin (2009) werden z.B. vom Pflegepersonal neben der dreijährigen Berufsausbildung in Gesundheits- und Krankenpflege Kenntnisse aus folgenden Bereichen eingefordert:

– Physiologie der Atmung und Beatmung;
– Technik der Beatmungsgeräte;
– Monitoring;
– Sauerstofftherapie;
– Masken- und Trachealkanülen und deren Applikationen;
– Tracheostomamanagement;
– Methoden der Sekretmobilisierung und -elimination;
– Inhalationstechniken;
– Befeuchtungsmanagement der Atemwege.

Eine besondere Qualifikation wird insbesondere von den Leitungskräften der speziellen Abteilungen oder Pflegedienste verlangt. Diese müssen eine Fachweiterbildung für Anästhesie- und Intensivpflege oder eine vergleichbare Zusatzausbildung durchlaufen haben und sich regelmäßig fortbilden. In der stationären Untersuchungseinrichtung erhielt zunächst die Pflegedienstleitung eine Weiterbildung in Heimbeatmung, und es wurde eine weitere Person, die mittlerweile die Wohnbereichsleitung der Abteilung übernommen hat, in einer zertifizierten Weiterbildung zum Thema „Menschen im Wachkoma" umfangreicher geschult.

Auch in der ambulanten Untersuchungseinrichtung spielt die Qualifikation der Mitarbeiter/innen eine hervorgehobene Rolle. Neben der Pflegedienstleitung haben auch weitere Mitarbeiter/innen Fachweiterbildungen für außerklinische Beatmung nach den Standards der zuständigen Fachgesellschaften erworben.

> „Die brauchen einen hohen Qualifikationsstand, weil kein Arzt im Team ist." (Leitungskraft 1H)

Im Gebäude des Dienstes hat der Träger eine eigene Pflegeschule untergebracht, die über die Zentrale gesteuert wird. Es wird dort ein umfangreiches Angebot an Fort- und Weiterbildungen vorgehalten, an denen neben den eigenen Pflegekräften auch Personen aus anderen Pflegeeinrichtungen oder Kliniken teilnehmen können. Auf der Grundlage eines Fortbildungsplans werden dort alle Mitarbeiter/innen kontinuierlich geschult. Das Programm umfasst zertifizierte Fachweiterbildungen für außerklinische Beatmung und für Personen im Wachkoma, spezielle thematische Fortbildungen z.B. zur Tracheostomapflege, zur Ernährung mit der PEG-Sonde, zur Hygiene oder zur außerklinischen Kinderkrankenpflege sowie Qualifizierungsangebote zu psychosozialen Themen wie z.B. Stressmodulation, Umgang mit Trauer und Tod, Konfliktlösung oder Gewaltprophylaxe.

In der stationären Untersuchungseinrichtung wurde das Personal an der Entscheidungsfindung und an der Planungsphase beteiligt. Die Leitungskräfte führten im Vorfeld der Einführung mit allen Pflegekräften Gespräche, um zu eruieren, welche Personen für den Arbeitsbereich in Frage kamen.

> „Wir haben alle gefragt: Habt Ihr Lust und Interesse, in einer Abteilung für Intensivpflege zu arbeiten?" (Leitungskraft 1G)

Als die Entscheidung zur Installierung getroffen war, wurden gezielt auch neue Mitarbeiter/innen für diesen Bereich gesucht. In allen Vorstellungsgesprächen wurde geprüft, ob die befragten Personen für eine Arbeit in der Intensivpflege geeignet sind und wie sie gegenüber einer verstärkten Arbeit mit technischen Geräten eingestellt waren. Zudem wurde für „eigenen Nachwuchs" gesorgt und festgelegt, dass alle im Haus ausgebildeten Pflegekräfte das dritte Lehrjahr in der Intensivpflegestation verbringen müssen.

Bei der ambulanten Untersuchungseinrichtung handelte es sich um eine Neugründung einer weiteren Filiale des Gesamtunternehmens. Die Mitarbeiter/innen wurden über Ausschreibungen gewonnen und mussten in der Folge ein strukturiertes Bewerbungsverfahren durchlaufen. Aufgrund der großen Bedeutung psychosozialer Kompetenzen bildete die Grundlage der Auswahl ein schriftlicher Bewerbungstest, mit dem u.a. festgestellt werden sollte, wie die Mitarbeiter/innen in schwierigen Situationen reagieren würden. Aufgrund der hohen Anforderungen an die Bewerber/innen kommt es immer noch zu Problemen in der Personalakquise, sodass weniger Patienten angenommen werden können als Anfragen bestehen.

Neben der Rekrutierung von Personal spielen die Schulung und kontinuierliche Anleitung der Mitarbeiter/innen im Umgang mit den technischen Hilfsmitteln eine wichtige Rolle. Diese Aufgaben resultieren nicht nur aus den fachlichen S2-Leitlinien, sondern auch aus den Versorgungsverträgen mit den Kostenträgern. Vorgeschrieben ist z.B., dass der Umgang mit den technischen Hilfen der Intensivpflege nur Pflegefachkräften erlaubt ist. Der ambulante Dienst, in dem die Mitarbeiter/innen alleine am Patienten arbeiten, beschäftigt deshalb ausschließlich Fachkräfte. Im Gegensatz dazu ist jede fünfte Pflegekraft in der stationären Abteilung nur einjährig ausgebildet oder angelernt. Dies ist zum einen dadurch zu begründen, dass von 24 Plätzen nur 14 für Intensivpflegefälle vorgesehen sind. Zum anderen erfolgt in der teamförmig organisierten Struktur eine Arbeitsteilung zwischen Fach- und Hilfskräften.

„Die Behandlungspflege bei den Intensivpflegepatienten ist ausschließlich Aufgabe der Fachkräfte. Die Hilfskräfte dürfen das nicht. Sie können allerdings den Fachkräften bei anderen einfachen Tätigkeiten im Bereich der Grundpflege zur Hand gehen." (Leitungskraft 3G)

Zu betonen ist, dass die stationäre Abteilung mit einer Fachkraftquote von 80 Prozent deutlich über dem durch das Heimgesetz vorgegeben und üblichen Mindestanteil an Fachkräften von 50 Prozent liegt.

Sowohl in der ambulanten als auch in der stationären Untersuchungseinrichtung haben alle beschäftigten Mitarbeiter/innen eine Grundschulung in Intensivpflege erhalten. Im Pflegeheim erfolgt die Einarbeitung der Mitarbeiter/innen auf der Grundlage eines schriftlichen Konzepts. Thematisch bezieht man sich vor allem auf den Umgang mit den technischen Hilfsmitteln und auf die Beatmung sowie auf damit in Zusammenhang stehende Pflegearbeiten.

„Wir vermitteln die erforderlichen Kenntnisse über interne Schulungen. Im Mittelpunkt steht z.B., wie wechsele ich eine Kanüle, wie sauge ich ab und diese Dinge. Aber neben der Schulung ist ganz wichtig das permanente Coaching. Das heißt, eine konkrete Einweisung vor Ort, am Patienten." (Leitungskraft 3G)

Als Multiplikator fungiert der Wohnbereichsleiter, der eine spezifische Fachweiterbildung für Intensivpflege absolviert hat. Das Coaching bezieht sich vor allem auf das feste Team der Intensivpflege. Allerdings müssen alle Mitarbeiter/innen des Hauses in die Schulungen und in das Coaching einbezogen werden, weil für die Intensivpflege aufgrund der Finanzierungsbedingungen über das SGB XI kein eigener Nachtdienst installiert werden konnte. Der Nachtdienst muss reihum von allen Pflegekräften sichergestellt werden.

> „Jeder Mitarbeiter hat deshalb neben der Schulung und Anleitung verpflichtend fünf Praxistage im Jahr in der Intensivabteilung und die sind, wie gesagt, nicht freiwillig." (Leitungskraft 2G)

Im Unterschied zum Abteilungsmodell müssen die Pflegekräfte des ambulanten Dienstes in den Haushalten alleine tätig werden und sind dort auf sich gestellt. Aus diesem Grund ist es noch dringender als in einer stationären Einrichtung mit einer Teamanbindung geboten, dass jeder einzelne Mitarbeiter fachlich sicher arbeiten kann. In der ambulanten Untersuchungseinrichtung haben alle Mitarbeiter/innen in der eigenen Pflegeschule eine oder mehrere Fortbildungen zu den Grundlagen der Intensivpflege durchlaufen. Zudem erfolgt zu Beginn der Tätigkeit eine Einarbeitung in die psychosoziale Grundpflege. Für vier Wochen kümmert sich ein Mentor intensiv um die neue Person. Danach bleibt er kontinuierlich ansprechbar und erteilt auf Anfrage zusätzliche Einweisungen und bietet Übungen an.

> „Wir empfehlen Bewerbern, vor der Einstellung bei einzelnen Patienten zu hospitieren. Manche merken dann: Das ist nichts für mich." (Leitungskraft 1H)

Es findet zudem eine Spezialisierung innerhalb des Teams statt, um den individuellen Kompetenzen und Vorlieben der Mitarbeiter/innen Rechnung zu tragen.

> „Manche Mitarbeiter sind besonders fit in Beatmung, andere möchten das eher nicht. Dann werden die auch so eingesetzt. Ziel ist aber, alle an jede Technik heranzuführen, damit jeder alles gut kann." (Leitungskraft 1H)

Neben den Qualifizierungsbedarfen, die von den Einrichtungen gedeckt werden, schreiben die Versorgungsverträge eine Unterweisungspflicht der Mitarbeiter/innen für jedes einzelne Hilfsmittel vor. Aufgrund der Vorschriften werden bei jedem neuen Patienten Unterweisungen von den Technikanbietern durchgeführt, unabhängig davon, ob die Geräte den Pflegekräften bereits bekannt sind. Während dieser Aspekt in der ambulanten Pflege nicht problematisiert wurde, weil es dort jeweils nur eine begrenzte Zahl von Personen an dem jeweiligen Patienten betrifft, scheint diese Handhabung für die stationäre Pflege Probleme zu bereiten.

> „Jede Krankenkasse entscheidet für sich, welches Hilfsmittel von welchem Hersteller bezahlt wird. Dann ist es eben von Bewohner zu Bewohner unterschiedlich, und das führt zu einem erheblichen bürokratischen Aufwand, weil gesetzlich vorgeschrieben ist, dass für jede Technik eine Unterweisung des Herstellers zu erfolgen hat, sodass quasi bei jedem neuen Bewohner für dieses spezielle Gerät alle Fachkräfte im Haus jeweils wieder unterwiesen werden müssen." (Leitungskraft 1G)

Aus einer mitarbeiterorientierten Perspektive kann dies allerdings durchaus positiv gesehen werden, bietet es doch die Gelegenheit, das eigene Wissen wieder aufzufrischen und die Technik immer wieder einzuüben. Um Zeit zu sparen, finden die Unterweisungen im Rahmen der mittäglichen Übergabe statt und dauern meist nicht länger als zehn Minuten.

> „Die sich wiederholende Übung ist nützlich, auch bei bekannten Geräten, damit die Fachkräfte die Sicherheit behalten. Teilweise gibt es dann auch mal neue Erkenntnisse, die man gerne aufnimmt." (Leitungskraft 3G)

Die Implementation einer außerklinischen Intensivpflege stellt sich damit voraussetzungsvoll dar. Dies betrifft neben dem sukzessiven Aufbau der Einheiten insbesondere die Rekrutierung und Qualifizierung von geeigneten Leitungskräften und Pflegekräften.

3.4.6 Erfahrungen mit dem Technikeinsatz

Im Folgenden werden die wichtigsten Erfahrungen mit dem Technikeinsatz in der Intensivpflege dargestellt. Dabei ist für dieses Arbeitsfeld zu betonen, dass die technischen Anforderungen integraler Bestandteil der Arbeit sind und damit kaum von den allgemeinen Anforderungen, die solche Tätigkeitsformen mit sich bringen, getrennt werden können. Interessant ist auch, dass es in diesem Bereich kaum Unterschiede im Antwortverhalten von Leitungskräften und Pflegekräften gegeben hat, was dafür spricht, dass die Leitungskräfte der Intensivpflege die Arbeitsbedingungen ihrer Mitarbeiter/innen gut einschätzen können.

Betriebliche Rahmenbedingungen

Neben den erheblichen Qualifizierungsanforderungen, die für eine Durchführung von Intensivpflege zwingend zu erfüllen sind (vgl. Implementationswege), spielen insbesondere die finanziellen Rahmenbedingungen eine wichtige Rolle für die Ausgestaltung der Angebote. Diese Bedingungen differieren zwischen der ambulanten Intensivpflege und der Intensivpflege in Heimen gravierend. Die ambulante Versorgung von Intensivpflegepatienten ist sozialrechtlich der Krankenversicherung zugeordnet. Aus dieser sozialrechtlichen Zuweisung leiten sich vergleichsweise hohe Vergütungen ab. Finanziert wird pro Patient eine 24-Stunden-Betreuung von einer Pflegefachkraft in einem Betreuungsverhältnis von 1:1. Auf einen Patienten entfallen damit im Dreischichtsystem drei Pflegekräfte. Zudem fallen für den Patienten, wie in der ambulanten Behandlungspflege üblich, keine Eigenanteile an. Grundlage der Abrechnung nach SGB V ist der Abschluss eines Rahmenvertrags des Anbieters mit den Krankenkassen zur Durchführung von Intensivpflege. Der Vertrag ist an bestimmte Voraussetzungen gebunden, z.B. dürfen ausschließlich Fachpflegekräfte mit einer dreijährigen Berufsausbildung tätig werden. Mit den Krankenkassen wurden bestimmte Vergütungssätze ausgehandelt, von denen der von der Pflegeversicherung zu tragende Anteil abgezogen wird. Die Leistungserbringung beim Patienten ist an eine ärztliche Verordnung gebunden.

Die stationäre Pflege fällt hingegen in den Zuständigkeitsbereich der Pflegeversicherung. Damit unterliegen die Intensivpflegepatienten dort den eng bemessenen Pflegeschlüsseln der normalen Heimversorgung. Die Behandlungspflege, die bei Intensivpflegepatienten einen erheblichen Zeitumfang umfasst, kann generell im stationären Pflegesektor finanziell nicht zusätzlich geltend gemacht werden, denn seit 1996 sind diese medizinischen Pflegeleistungen in Heimen der Pflegeversicherung zugeordnet, was damals nicht sachlich, sondern fiskalisch – mit Befürchtungen einer finanziellen Überlastung der Krankenkassen – begründet wurde. Zur Kompensation erhalten die Einrichtungen eine kleine zusätzliche Pauschale für die Intensivpflegepatienten, die nach eigenen Aussagen aber nicht annähernd die Kosten deckt.

> „Es gibt für die Patienten im Wachkoma einen Zuschlag von 25 Euro. Das reicht aber hinten und vorne nicht." (Leitungskraft 1G)

Seit vielen Jahren wird das Kostenrisiko Behandlungspflege in Heimen in der Fachöffentlichkeit kritisch diskutiert, und es gibt eine Reihe von Initiativen, eine gerechte Finanzierung der medizinischen Behandlungspflege in diesem Sektor herbeizuführen. So wird zum Beispiel in einem Positionspapier des Sozialverbands Deutschland ein Unverständnis ausgedrückt, warum die Leistungszuständigkeit der Krankenversicherung für Behandlungspflege in Heimen nicht gelte und damit die Bewohner/innen im Vergleich zu ambulanten Patient/inn/en unzulässig benachteiligt würden (SoVD 2014). Das Positionspapier stützt sich auf ein Gutachten (Rothgang/Müller 2013), in dem Kosten für medizinische Behandlungspflege in Heimen von insgesamt 1,8 Mrd. Euro im Jahr ermittelt wurden, was bezogen auf den einzelnen pflegebedürftigen Heimbewohner eine Summe von 200 Euro pro Monat ausmachen würde. Im Falle von Intensivpflegepatient/inn/en potenziert sich diese Summe und damit die Ungleichbehandlung zur ambulanten Versorgung.

In der Untersuchungseinrichtung wurde zudem berichtet, dass ein Teil der Intensivpflegebewohner auch bei der Pflegebegutachtung benachteiligt werden.

> „Es ist nicht selten, dass die Intensivpflegepatienten nur in die Pflegestufe II eingestuft sind. Das liegt an der anderen Logik der Einstufungskriterien des MDK. Da zählt eben die Behandlungspflege nichts." (Leitungskraft 1G)

Eine besondere Schieflage in den finanziellen Rahmenbedingungen wird gesehen, wenn ambulante Dienste mehrere Intensivpflegepatienten zusammengefasst in einer Wohngemeinschaft versorgen und dann trotzdem eine 24-Stunden-Versorgung für jede Person abrechnen können.

„Das ist natürlich sehr ärgerlich. Offensichtlich ist es möglich, in solchen WGs bis zu acht Patienten zusammenzufassen und dann bekommen die pro Patient das Fünf- bis Sechsfache an Finanzmitteln, die uns hier in der stationären Pflege zur Verfügung stehen." (Leitungskraft 1G)

Als weitere Benachteiligung wird gesehen, dass die ambulanten Wohngemein-schaften für Intensivpflege derzeit noch nicht unter das Heimgesetz fallen, weil sie als häusliche Umgebung eingeschätzt werden. Damit fallen dort aufwendige Prüfungen durch Behörden weg, die in der stationären Pflege viel Zeit erfordern und teilweise auch als Anerkennungsproblem betrachtet werden.

„Wenn die Prüfungen anstehen, sind hier alle sehr angespannt und überfordert. Die Mitarbeiter laufen durch das Haus in der Haltung: an was muss ich denn heute noch alles denken? Es muss ja unglaublich viel dokumentiert werden, und das sind teilweise wirklich unsinnige Dinge, die dann auch wieder zurückge-nommen werden. Also eine enorme Zeitverschwendung, die für uns als man-gelnde Wertschätzung rüberkommt." (Leitungskraft 2G)

Allerdings gelten diese Vorgaben nicht speziell für die Intensivpflegeabteilung, sondern für das gesamte Pflegeheim. Vor dem Hintergrund der vielfältigen Auf-gaben ist dennoch festzuhalten, dass für die Intensivpflegepatienten in Pflege-heimen aufgrund der sozialrechtlichen Finanzierungslogik ein fachlich kaum begründbarer, deutlich geringerer Personalansatz zur Verfügung steht als in der ambulanten Pflege. Wie im weiteren Textverlauf verdeutlicht wird, wirkt sich dies in gravierender Weise auf die Arbeitssituation der Pflegekräfte aus. Hinzu kommt, dass in der Heimversorgung nicht unerhebliche Eigenbeteiligungen der Bewohner/innen für Hotel- und Investitionskosten gezahlt werden müssen, so-dass eine ambulante Versorgung für die Angehörigen auch unter finanziellen Aspekten attraktiver erscheint. Die Mitarbeiter/innen der stationären Untersu-chungseinrichtung empfinden diese unterschiedlichen Rahmenbedingungen als ungerecht. Zum Zeitpunkt der Befragung wurden aus diesem Grund ernsthafte Überlegungen angestellt, die Intensivpflegeabteilung zu schließen.

„Der Gesetzgeber greift hier quasi in den Markt ein, indem er die ambulanten Anbieter bevorteilt. Wir befürchten in zweifacher Hinsicht eine Abwanderungs-tendenz: Einmal, dass die Nachfrage zunehmend über die ambulanten Dienste ab-gedeckt wird. Zum anderen, dass uns die Mitarbeiter verlassen, weil dort mehr bezahlt werden kann und weil man angenehmere Arbeitsbedingungen in einer Eins-zu-Eins-Betreuung vorfindet." (Leitungskraft 1G)

Die technischen Geräte für die außerklinische Intensivpflege sind unabhängig vom Aufenthaltsort des Patienten nach Rezeptierung durch den Arzt von der Krankenkasse zu finanzieren. Auch bei den Heimbewohner/inne/n handelt es sich um private Hilfsmittel, die von den Herstellern bzw. von Sanitätshäusern geliefert und gewartet werden. Es handelt sich demnach um mobile und nicht in den Zimmern fest installierte Geräte. Je nach Krankenversicherung des Patienten werden diejenigen Hersteller eingesetzt, mit denen die Kassen Kooperationsverträge abgeschlossen haben. Das bedeutet, dass die Mitarbeiter/innen mit sehr unterschiedlichen Systemen arbeiten müssen. Neben den speziellen Hilfsmitteln für die Intensivpflege besteht in der Regel auch ein Bedarf an allgemeinen Hilfsmitteln, wie Lifter oder Rollstühle. Auch in diesem Bereich sehen die Befragten der stationären Einrichtung eine Benachteiligung der Bewohner/innen:

> „Das ist ungerecht. Die Heimbewohner bekommen bei den allgemeinen Hilfsmitteln nur die Grundausstattung nach SGB XI. Da ist nichts auf die individuellen Bedürfnisse der Bewohner abgestimmt. Im ambulanten Bereich sind die Krankenkassen da viel großzügiger und die Hilfsmittel sind vom Feinsten. Da wird z.B. unterschieden, ob einer korpulenter ist oder Kontrakturen hat und die Hilfsmittel werden daran angepasst." (Leitungskraft 2G)

Sowohl im Bereich der personellen Ausstattung als auch im Hinblick auf die zur Verfügung stehenden Hilfsmittel sind demnach zwischen ambulanter und stationärer Versorgung erhebliche Unterschiede in den betrieblichen Rahmenbedingungen auszumachen.

Effekte auf Arbeitsorganisation und Arbeitsbedingungen

Die Arbeitsorganisation in der außerklinischen Intensivpflege variiert ebenfalls entlang der unterschiedlichen finanziellen Rahmenbedingungen. In der stationären Untersuchungseinrichtung wird mit einem System von drei Schichten gearbeitet. Die Schichten sind mit einem der normalen stationären Pflege vergleichbaren Personalschlüssel besetzt.

> „Die personelle Besetzung liegt hier bei drei Pflegekräften. Aus meiner Sicht müssten es aber mindestens 4,5 Kräfte sein." (Leitungskraft 3G)

Das Pflegepersonal arbeitet entsprechend der tariflichen Festlegung 39 Stunden in der Woche in wechselnden Schichten. Der Arbeitsablauf orientiert sich an den Gepflogenheiten der stationären Pflege. Morgens findet die Übergabe statt und anschließend wird die Grundpflege durchgeführt. Bei den Intensivpflegepatient/inn/en wird in einem Arbeitsgang auch die Behandlungspflege erledigt. Vor allem im Bereich der Intensivpflege findet eine enge Kooperation im Pflegeteam sowie mit festangestellten Ergo- und Physiotherapeuten statt, um z.B. festzulegen, „wer, wann und wie mobilisiert wird". Ein größerer Arbeitsaufwand entsteht, weil alle Geräte einmal in der Woche getauscht und desinfiziert werden müssen.

Neben den knappen Personalressourcen besteht – wie bereits dargestellt – das Problem, dass ein eigener Nachtdienst für die kleine Einheit von 14 Plätzen nicht finanzierbar ist. Dadurch müssen nachts auch weniger spezialisierte Mitarbeiter/innen aus anderen Abteilungen bei den Intensivpatient/inn/en eingesetzt werden.

> „Der Nachtdienst hat hier manchmal schon Probleme aufgrund der mangelnden Übung. Aber dafür steht ein Ansprechpartner für den Notfall zur Verfügung." (Leitungskraft 3G)

Durch die geringe Besetzung der Schichten entstehen eine Arbeitsverdichtung und ein erheblicher Zeitdruck. Für die Versorgung der Intensivpflegepatient/inn/en steht nur ein begrenztes Zeitbudget zur Verfügung und die Mitarbeiter/innen bewegen sich in permanenten Zeitkonflikten zwischen den Interessen der einzelnen Bewohner/innen.

> „Vor allem die Beatmungspatienten sind sehr verängstigt und verunsichert. Manche haben auch schon negative Erlebnisse hinter sich. Eine Frau musste z.B. schon zweimal reanimiert werden. Und diese Patienten, die klingeln dann eben ständig." (Leitungskraft 3G)

Dabei ist das „normale" Klingeln der Bewohner/innen zu unterscheiden von möglicherweise „echten Notfällen", die über einen Alarmton der technischen Geräte signalisiert werden. Dabei wurde von einzelnen Unsicherheiten berichtet, wie gravierend ein Alarmton einzuschätzen sei. Denn nicht selten würden Alarme ausgelöst, nur weil der Patient den Kopf gedreht habe und dadurch kurzfristig die Sauerstoffzufuhr verändert werde. Das entschärfe sich dann in der Regel schnell, wenn die anderen Parameter geprüft und für in Ordnung befunden werden. In der teamförmigen Organisation der Abteilung werden solche Unsicherheiten als kein echtes Sicherheitsproblem geschildert, wie das im isolierten Arbeiten im ambulanten Sektor der Fall sein könnte.

Alarmtöne führen zu einem unverzüglichen Einsatz der Mitarbeiter/innen. Bei der Reaktion auf das Klingeln bewegen sich die Pflegekräfte hingegen in einem Dilemma. Auf der einen Seite verstehen sie die psychischen Nöte der Beatmungspatienten, die unter einer ständigen Erstickungsangst leiden. Auf der anderen Seite ist jedoch das gesamte Arbeitspensum abzuleisten, und die Pflegekräfte müssen sich auch um diejenigen Bewohner/innen kümmern, die ihre Bedürfnisse nicht so fordernd zum Ausdruck bringen. Während die Hauptaufgabe der Mitarbeiter/innen in der Überwachung und Steuerung der künstlichen Beatmung und im Freihalten der Atemwege liegt, ist das Eingehen auf die psychischen und emotionalen Bedürfnisse bei dieser Gruppe besonders zeitintensiv. Im Vergleich zu den Patient/inn/en im Wachkoma werden manche Beatmungspatient/inn/en von den Pflegekräften als unangenehm empfunden, weil diese ihre Forderung nach zusätzlicher Aufmerksamkeit teilweise auch verbal aggressiv zum Ausdruck bringen.

„Einzelne Bewohner sind hier sehr egoistisch. Wenn jemand z.b. gerade gewaschen wird und ein anderer ständig klingelt, dann versucht man die Dringlichkeit einzuschätzen, weil man ja auch nicht gerne einen Bewohner während des Waschens einfach so liegen lässt. Und wenn man dann reinkommt, dann ist das oft unter der Gürtellinie und der reinste Psychoterror." (Leitungskraft 3G)

Die im Zitat angesprochene Einschätzung von Dringlichkeiten verursacht für die Pflegekräfte einen spezifischen Stressfaktor, der vor dem Hintergrund der geschilderten finanziellen Rahmenbedingungen nicht auflösbar erscheint. Aus Sicht der Beatmungspatient/inn/en ist eine Berücksichtigung ihrer psychischen Bedürfnisse keine unangemessene Forderung. Vor dem Hintergrund der geschilderten Konkurrenzen um Aufmerksamkeit können die Mitarbeiter/innen jedoch nicht jederzeit ihre Arbeiten an anderen Bewohner/inne/n unterbrechen, um diesen stets zeitnah nachzukommen. Dennoch beeinflusst die Unsicherheit, ob es sich gegebenenfalls nicht doch um eine ernstere Angelegenheit handeln könnte, die dann noch auszuführenden Arbeiten. Insgesamt ist festzuhalten, dass es aufgrund des Klingelns und der gelegentlichen technisch ausgelösten Alarmtöne zu häufigen Arbeitsunterbrechungen kommt, die für die Pflegekräfte eine zusätzliche Belastung darstellen.

Eine andere Anforderung entsteht bei der Versorgung der Bewohner/innen im Wachkoma. Diese würden naturgemäß nicht klingeln, weil sie dazu nicht in der Lage seien. Allerdings spiele hier die Beratung der Angehörigen eine herausgehobene Rolle, die mit einer hohen Erwartungshaltung im Hinblick auf Fortschritte bei den Patient/inn/en und einem intensiven Gesprächsbedarf an die Mitarbeiter/innen herantreten.

„Man braucht sehr viel Feingefühl im Umgang mit den Angehörigen. Häufig konnten sie nicht richtig Abschied nehmen, weil es Unfälle waren, und die brauchen dringend psychosoziale Unterstützung. In diesem Setting kann man das aber nicht umfassend abdecken. Wir können nicht länger zuhören, als wir es tun." (Leitungskraft 3G)

Als größte Belastung für die Mitarbeiter/innen wird demnach der Druck und Stress geschildert, der von den Patient/inn/en und Angehörigen der Intensivpflegeabteilung ausgeht. Um die psychischen Belastungen der Mitarbeiter/innen an diesem Punkt zu reduzieren, bietet die Leitung verschiedene Foren des Austauschs und der Qualifizierung an. Es wurde eine interne Fortbildungsveranstaltung zum Umgang mit Angehörigen durchgeführt und bei Bedarf kann Supervision durch einen Psychologen des trägereigenen Krankenhauses in Anspruch genommen werden. Mit diesen Maßnahmen kann jedoch das strukturelle Problem des Personalmangels nicht gelöst werden.

„Eigentlich müsste man in diesem psychosozialen Bereich noch mehr für die Mitarbeiter machen. Wir stehen da jederzeit für Gespräche bereit. Die Erfahrung zeigt, dass es manchmal hilft, den Druck etwas herauszunehmen. Viele Mitarbeiter lehnen solche Hilfen aber ab, weil sie sich nicht intensiver damit auseinandersetzen wollen." (Leitungskraft 1G)

Im Gegensatz dazu ist Zeitdruck in der ambulanten Versorgung von Intensivpflegepatient/inn/en kein nennenswertes Problem. Vereinbart ist mit den Pflegekräften eine reduzierte Wochenstundenzeit von 36 Stunden. Es handelt sich ausschließlich um Patient/inn/en, die rund um die Uhr versorgt werden müssen. Es werden nur Patient/inn/en angenommen, die mindestens acht Stunden täglich Hilfe durch den ambulanten Dienst beanspruchen, während dann die weitere Versorgung von den Angehörigen übernommen wird. Die Einsätze bei den Patient/inn/en sollen mit einer überschaubaren Zahl von Pflegekräften abgeleistet werden, damit sich die Angehörigen nicht auf zu viele unterschiedliche Personen einstellen müssen. Deshalb wird in der Regel – wie in diesem Arbeitsfeld üblich – in Zwölf-Stunden-Schichten gearbeitet. Aus Sicht der Mitarbeiter/innen hat diese Regelung den Vorteil, dass sie nur 13 Arbeitstage im Monat ableisten müssen. In der Regel arbeiten die Pflegekräfte zwei Tage hintereinander und haben dann ein bis zwei Tage frei. Neben den 13 Schichten müssen noch ein- bis zweimal im Monat Hintergrunddienste für Notfälle geleistet werden. Insgesamt äußerten sich die Pflegekräfte sehr zufrieden mit diesem Arbeitszeitmodell, wenngleich die vergleichsweise langen Schichten aus arbeitswissenschaftlicher Sicht skeptisch zu bewerten sind (DGUV 2012). Aus Sicht der Leitung ist ein weiteres Argument für die ausgeweiteten Arbeitszeiten, dass pro Tag Fahrtkosten zu den Patient/inn/en eingespart werden können.

Im Gegensatz zur stationären Untersuchungseinrichtung müssen sich die Pflegekräfte des ambulanten Dienstes nur um eine einzige Person kümmern. Viele haben aus diesem Grund in den Arbeitsbereich gewechselt.

„Es gibt hier einige Mitarbeiter, die vorher im Krankenhaus oder im Pflegeheim gearbeitet haben und die gekommen sind, weil sie hier mehr Zeit für den Patienten haben." (Leitungskraft 1H)

Auf der anderen Seite kann die intensive Arbeit mit einer Person auch zu Belastungen führen, zumal mit den Gepflegten häufig keine verbale Kommunikation möglich ist. Wenn die zu leistenden Verrichtungen ausgeführt sind, steht die Krankenbeobachtung im Zentrum mit dem Ziel, sich ankündigende Krisen frühzeitig zu erkennen und rechtzeitig gegenzusteuern. Zudem ist es erforderlich, auch kleinste Signale der Patient/inn/en wahrzunehmen, weil diese möglicherweise ein Anzeichen für sich ankündigende Verbesserungen des Zustandes sein könnten. Es handelt sich demnach um eine sehr spezielle Arbeitsform: Die Pflegekräfte bewegen sich in einem ständigen Spagat von Langeweile und Aufmerksamkeit. Die Mitarbeiter/innen sprechen dabei von einem „Boring-Out", im Ge-

gensatz zu dem von den Pflegekräften aus anderen Arbeitsfeldern häufig geschilderten Burn-Out.

> „Manchmal hat man das Gefühl, man muss sich rechtfertigen, dass man diese Ar-
> beit anstrengend findet. Das versteht kein Mensch. ‚Ja, was machst Du denn die
> ganze Zeit? Gut, eine Stunde machst Du Deine Grundpflege und was dann?‘ Die
> verstehen nicht, dass man aufpasst auf den Menschen. Man ist dann auch müde
> davon, fahrig und genervt. Bei jedem Geräusch springt man auf. Das ist anstren-
> gend die Konzentration, man muss geistig immer voll da sein. Auch kann man
> privat manchmal gar nicht mehr abschalten. Dann springt man weiter auf, wenn
> man Geräusche hört." (Pflegekraft 1H)

Wie in dem Zitat beschrieben, sind die Arbeitsprozesse eng an die Geräusche
gebunden, die entweder von den Patient/inn/en oder von den technischen Geräten ausgehen. Der Beziehungsaufbau zu diesen Personen kann meist nicht über
Gespräche erfolgen, sondern über andere Formen von Nähe, etwa im Rahmen
der Anwendung von Maßnahmen zur basalen Stimulation. Ein solcher Beziehungsaufbau ist jedoch erforderlich, damit der Kontakt zum Patienten nicht allein durch die Überwachung der „Maschinen" gesteuert wird. Die Pflege am
Menschen wird nach Aussagen der Befragten durch die technischen Geräte nicht
komplizierter. Ebenso wie die Einarbeitung in die Bedienung der Technik gehöre
es sehr schnell zur Routine, wie man die Pflege durchführe, ohne die am Patienten gelegten Schläuche und Apparaturen zu beeinträchtigen.

Die enge Arbeit an einer Person stellt sich auch deshalb als Problem dar,
weil die Pflegekräfte auf sich alleine gestellt sind und während des Einsatzes in
der Häuslichkeit keine Verbindung zu einem Team herstellen können. Was für
die einen der besondere Reiz dieser Arbeitsform ausmacht, kann für andere zur
Belastung werden, wie folgende zwei Zitate verdeutlichen:

> „Man ist allein und hält sich zwölf Stunden am Stück im Schlafraum des Patien-
> ten auf. Man hat nicht viel Austausch mit den Kollegen und ist für zwölf Stunden
> für einen komplett hilflosen Menschen alleine verantwortlich. Manchmal wird
> das den Mitarbeitern nach ein bis zwei Jahren zu viel." (Pflegekraft 2H)

> „Man kann hier eigenverantwortlich arbeiten und hat keine Hackordnung, wie
> z.B. in einem Krankenhaus. Man ist sein eigener Chef." (Pflegekraft 3H)

Das isolierte Arbeiten als für die ambulante Pflege typische Arbeitsform stellt
im Zwölf-Stunden-Schichtmodell eine besondere Herausforderung für die Mit-
arbeiter/innen der Intensivpflege dar, zumal geregelte Pausen eher eine Selten-
heit darstellen.

> „Rückzug hat man wenig. Schon eher, wenn der Patient ein eigenes Zimmer hat,
> in dem er liegt. Es ist unterschiedlich, und jeder findet hier seinen eigenen Stil.
> Man hat keine festen Pausen. Man macht sie, wenn der Patient schläft. Es sind

keine klassischen Pausen, weil man beim Patienten bleiben muss." (Pflegekraft 4H)

Um Gegenakzente zum isolierten Arbeiten in der Häuslichkeit zu setzen, werden in der bezahlten Arbeitszeit einmal in der Woche verpflichtende Teamsitzungen durchgeführt. Im Zentrum stehen neben organisatorischen Fragen Fallbesprechungen und der Austausch über die Arbeit.

In beiden Fallstudien werden sehr unterschiedliche Anforderungen der außerklinischen Intensivpflege geschildert. Belastungen, die aus dem Umgang mit den technischen Hilfsmitteln selbst entstehen, werden jedoch gleichermaßen als weniger relevant dargestellt. In der stationären Einrichtung, in der die Mitarbeiter/innen mit vielen unterschiedlichen Geräten konfrontiert sind, wurde von gelegentlichen Problemen mit der Bedienung der Tastensperren der Geräte berichtet, die jeweils verschieden eingestellt sind. Mit Ausnahme des Nachtdienstes der stationären Einrichtung bildet eine intensive Schulung der Mitarbeiter/innen offenbar die Grundlage, dass die Bedienung der Apparate als weniger intensive Anforderung erlebt wird. Lediglich in der Einarbeitungsphase bestehen nach den Angaben der Befragten kleinere Unsicherheiten, die aber durch die Installation von Mentorensystemen und Hintergrunddiensten in beiden Einrichtungen abgefedert werden.

„Man wird eingearbeitet und dann hat man die ersten zwei Wochen Respekt und dann läuft das." (Pflegekraft 1H)

„Ich hatte da noch nie Probleme. Das ist alles Übungssache." (Auszubildende 1G)

Zudem gibt es gleichermaßen Verfahrensstandards für Notfälle, die zusätzliche Sicherheit geben. So ist genau definiert, welche Notfälle es gibt und welche verschiedenen Schritte jeweils in die Wege zu leiten sind. Wenn etwa ein Patient schlecht Luft bekommt, werden zunächst eigene Maßnahmen, wie das Absaugen oder eine Positionsveränderung, unternommen. Falls dies die Situation nicht entschärft, wird entweder der 24 Stunden besetzte Hintergrunddienst der Einrichtung, im Falle eines technischen Defekts der Notdienst des Anbieters oder bei Gefahrensituationen direkt der Notarzt verständigt. Nach Aussagen beider Untersuchungseinrichtungen kommt es eher selten zu notfallmäßigen Anrufen und wenn, beziehen sich diese in aller Regel nicht auf technische Fragen.

„Die Mitarbeiter fühlen sich sicher, auch wie im Notfall zu verfahren ist. Bei den Geräten ist ja Ersatz da und sie werden regelmäßig gewartet." (Leitungskraft 3G)

Was die Sicherheit angeht, wird in der stationären Untersuchungseinrichtung betont, dass die Patient/inn/en der Intensivpflege besser versorgt werden als die normalen Heimbewohner, weil eine permanente Messung von Vitalwerten und Sauerstoffzufuhr erfolgt und ein Alarm ausgelöst wird, wenn sich die Werte verändern. Im Falle eines Alarms werden alle Fachkräfte des gesamten Hauses mit einem Knopfdruck verständigt und aufgrund der räumlichen Nähe zum trägereigenen Krankenhaus ist bei „echten Notfällen" in wenigen Minuten ärztliche Hilfe vor Ort. Dennoch wird von Seiten der Leitungskräfte versucht, den Verantwortungsdruck der Mitarbeiter/innen zu reduzieren.

> „Wir haben keine Intensivstation. Die Leute wohnen bei uns. Und solche Patienten werden teilweise auch zu Hause ganz allein von den Angehörigen versorgt. Da kann man auch nicht davon ausgehen, dass es eine absolute Sicherheit gibt. Alles hat Grenzen." (Leitungskraft 1G)

Vermittlungsanforderungen gegenüber den Angehörigen

Eine weitere Herausforderung der außerklinischen Intensivpflege stellt die Nähe zu den Angehörigen dar. In der stationären Untersuchungseinrichtung wurde insbesondere der intensive Gesprächsbedarf der Angehörigen von Wachkomapatient/inn/en geschildert (vgl. Effekte auf Arbeitsorganisation und Arbeitsbedingungen). Hintergrund des Wachkomas sind meist akute Ereignisse, wie Stürze oder Unfälle, die für die Angehörigen kritische Lebensereignisse darstellen und mit hohem Verarbeitungsbedarf einhergehen. Die hier benötigte Unterstützung kann aufgrund der zeitlichen Restriktionen – wie geschildert – nur in begrenztem Umfang geleistet werden.

Auch die Angehörigen der Patient/inn/en, die von der ambulanten Untersuchungseinrichtung versorgt werden, befinden sich aufgrund der schweren Erkrankung der Gepflegten in der Regel in einer sehr angespannten und belasteten Situation. Durch die permanente Anwesenheit eines Fremden im eigenen Haushalt und die Störungen der Privatheit wird zusätzlicher Stress produziert.

> „Das ist nicht einfach für die Angehörigen, wenn 24 Stunden ein Fremder im Haus ist, jemand, der das Bad mit benutzt und mit am Tisch sitzt. Die können sich in der eigenen Wohnung nicht mehr so frei bewegen. Das unterschätzen viele am Anfang, was das heißt." (Pflegekraft 5H)

Häufig haben Angehörige bereits im Vorfeld über einen längeren Zeitraum die Versorgung alleine übernommen und sich ein Fachwissen z.B. im Umgang mit den technischen Apparaten angeeignet. Es stellt für sie eine große Herausforderung dar, nach dem Einschalten des ambulanten Dienstes Verantwortung abzugeben und zu akzeptieren, dass die Fachkräfte möglicherweise einen eigenen Arbeitsstil haben.

> „Sie müssen lernen loszulassen und ihre Ängste zu beherrschen, dass etwas passiert, wenn sie nicht da sind. Meist brauchen sie einige Monate, bis sie sich etwas entspannen können." (Pflegekraft 6H)

Für die Pflegekräfte wird es besonders anstrengend, wenn die Angehörigen versuchen, diese bei ihrer Arbeit zu kontrollieren oder gar bestimmen möchten, wie diese ihre Arbeit zu verrichten haben. Dies betrifft in besonderem Umfang auch die Bedienung der technischen Geräte.

> „Es ist ein unangenehmes Gefühl, wenn die Angehörigen einem nicht vertrauen. Dann stehen sie immer da und wollen alles mitbekommen und haben die Ohren ständig dabei. Und manche denken dann, sie wären die Experten. Das ist krass. Dann wird meine fachliche Kompetenz hinterfragt und alles ist emotional total überladen." (Pflegekraft 7H)

In dem Zitat wird eine besondere Vermittlungsanforderung im Hinblick auf die Deutungshoheit über die Technik deutlich. Die Bedienung der Geräte und die vorzunehmenden Pflegehandlungen müssen legitimiert und manchmal aktiv mit den Angehörigen ausgehandelt werden. Anders als in der stationären Einrichtung treten die Angehörigen selbstbewusst als Dienstherren in ihrer eigenen Privatwohnung auf und fordern ein, dass sich das Pflegehandeln an ihren Vorstellungen auszurichten hat.

Für die Mitarbeiter/innen bedeutet dies, dass sie versuchen müssen, die Aushandlungsprozesse in den Vordergrund ihres Handelns zu stellen, Kompromisse einzugehen und mit diplomatischem Geschick Konflikte zu deeskalieren. Dies erfordert eine hohe soziale Kompetenz und viel Empathie für das Belastungserleben der Angehörigen. Für die Interaktion vor Ort bestehen Verhaltensregeln und Empfehlungen, um der Entstehung von Konflikten vorzubeugen.

> „Das Duzen erwachsener Patienten ist den Mitarbeitern untersagt. Wir geben zudem den Tipp, sich aus familiären Streitigkeiten herauszuhalten und nicht an den Familienmahlzeiten teilzunehmen." (Leitungskraft 1H)

Darüber hinaus erhalten die Pflegekräfte Hilfestellung von der Leitung.

> „Wenn es zu schwierigen Situationen kommt, ruft man im Büro an. Dann kann man sich austauschen. Die Chefin hat die nötige Distanz und kann uns gut beraten. Manchmal geht es auch nur ums Zuhören. Denn wir bieten hier zwölf Stunden die Angriffsfläche für alles." (Pflegekraft 8H)

In den Interviews wurde berichtet, dass sehr unterschiedliche Erfahrungen mit Angehörigen gesammelt wurden. Während ein Teil der Angehörigen sehr dankbar auf die Leistungen des Dienstes reagiert, kommt es mit anderen zu erheblichen Konflikten. Dies wird zum Teil darauf zurückgeführt, dass die Angehörigen häufig zu optimistische Erwartungen an mögliche und kurzfristig eintretende Verbesserungen bei den Patient/inn/en hegen.

> „Wenn die Verbesserungen nicht eintreten, bauen die Angehörigen nach einer Phase der anfänglichen Euphorie dann schnell ab und sind überfordert. Die Stim-

mung wird gereizt, und sie weinen viel. Wir sind als Krankenschwestern der Intensivpflege dann das Sinnbild der Krankheit. Manche rollen mit den Augen, wenn wir kommen, als wäre man Schuld an der Situation. Dann entschuldigt man sich, wenn es wieder was zu meckern gibt, wider besseres Wissen und gelobt Besserung." (Pflegekraft 2H)

Die zum Ausdruck gebrachte kritische Grundhaltung mancher Angehöriger empfinden die Pflegekräfte als anstrengend und manchmal frustrierend. Gute Erfahrungen hat man damit gemacht, sich auf einen Perspektivenwechsel einzulassen und die Angehörigen in der Tat als Experten für die Versorgung des Kranken ernst zu nehmen. Dann bieten sich je nach Situation sogar Möglichkeiten, auch als Fachkraft noch zusätzliche Impulse von den Angehörigen zu erhalten.

Angehörige sind eine wichtige Zielgruppe im Konzept des Trägers und die Einsatzzentrale nennt sich nicht zufällig „Beratungsbüro". Angehörige haben jederzeit die Möglichkeit, sich dort im Vorfeld der Versorgungsübernahme und im weiteren Verlauf beraten zu lassen. Dies umfasst auch eine psychosoziale Beratung. Die Pflegekräfte sind gehalten, bei Konflikten auf die Leitung zu verweisen, die dann eine vermittelnde Rolle einnimmt.

Charakteristika des Technikeinsatzes aus Sicht der Pflegekräfte

Die Medizinorientierung sowie ein hoher Technikeinsatz sind Charakteristika der Intensivpflege. Vor diesem Hintergrund könnte schnell der Eindruck entstehen, dass die Arbeit in der außerklinischen Intensivpflege insbesondere solche Pflegekräfte anspricht, die ein hohes Interesse an technischen Arbeitsvollzügen hegen. Die befragten Mitarbeiter/innen beider Einrichtungen konnten jedoch nicht bestätigen, dass sie über eine besondere Affinität zur Technik verfügen.

„Wir sind doch Pflegekräfte geworden, weil wir mit Menschen arbeiten wollen und nicht mit technischen Geräten. Sonst wären wir jetzt Techniker." (Pflegekraft 9H)

„Die Technik an sich ist nicht reizvoll, aber das Arbeiten damit und zu wissen, wie funktionieren die Geräte eigentlich am menschlichen Körper." (Pflegekraft 1H)

In der stationären Untersuchungseinrichtung hingegen wird aus Sicht der Leitungskräfte die Arbeit in der Intensivpflege von den eher medizinorientierten Pflegekräften favorisiert, während andere Mitarbeiter/innen Vorbehalte gegenüber einer solchen Arbeit formulieren.

„Vor allem haben weibliche Pflegekräfte über 40 da eher Berührungsängste." (Leitungskraft 2G)

Insgesamt wird die verstärkte Arbeit mit der Technik aber eher selten als primäres Motiv für eine Tätigkeit in der außerhäuslichen Intensivpflege genannt. Dennoch wird der sichere Umgang mit den Hilfsmitteln als befriedigend und als Chance zur Profilierung bewertet. Als interessant wird vor allem das pflegerische Hintergrundwissen zur Anwendung der technischen Geräte bewertet, das eine Grundlage bildet, auf Augenhöhe mit Ärzten zu kommunizieren. In diesem Sinn fördert der Umgang mit der Technik das Selbstbewusstsein und Selbstwertgefühl der Pflegekräfte und bietet eine Chance zur zusätzlichen Professionalisierung.

> „Es ist nicht so viel Routine und man hat eine verantwortungsvollere Aufgabe als in der normalen Altenpflege. Hier kann ich mich auch von den Ärzten abgrenzen, die nur ihre Parameter im Blick haben. Einer hat mir gegenüber mal geäußert, der Patient sei nur eine leere Fleischhülle. Ich kann aber auch sehen, wenn er kleine Reaktionen zeigt, z.B. ein leichtes Kopfnicken." (Leitungskraft 3G)

Als Argument, in der Intensivpflege zu arbeiten, werden in beiden Untersuchungseinrichtungen zudem einzelne Erfolgserlebnisse mit den Patient/inn/en angeführt. So kommt es offenbar immer wieder vor, dass in aussichtslos eingeschätzten Situationen plötzliche Verbesserungen eintreten, die auf eine gelungene pflegerische Versorgung zurückgeführt werden können. Gerade im Fall von Wachkoma handele es sich häufig um jüngere Patient/inn/en, bei denen mit therapeutischen Angeboten Verbesserungen ermöglicht werden könnten. Zudem scheinen die Erfolge in der Intensivpflege besser darstellbar zu sein.

> „In der Intensivpflege kann man Fortschritte besser nachvollziehen. Teilweise werden Patienten, die komplett bettlägerig waren, wieder so mobil, dass sie im Rollstuhl aus dem Zimmer fahren. Den Erfolg kann man sogar in Zahlen ausdrücken, z.B. über den Barthel-Index[37]. Das ist schon etwas anderes als bei einem demenzkranken Bewohner, bei dem man es kurzfristig schafft, dass er sich nicht mehr verweigert und am nächsten Tag sieht das schon wieder ganz anders aus." (Pflegekraft 3G)

Zusätzliche Anreize bieten insbesondere die Arbeitsbedingungen in der ambulanten Intensivpflege. Zunächst wird betont, dass im Vergleich zu anderen pflegerischen Arbeitsbereichen viel mehr Zeit für die Patient/inn/en zur Verfügung steht. Je nach familiärer Situation oder persönlichen Vorlieben werden zudem die Arbeitszeiten als günstig erlebt, etwa die vergleichsweise vielen freien Arbeitstage oder der spätere Arbeitsbeginn um 8.00 Uhr morgens, der noch eine morgendliche Versorgung von eigenen Kindern erlaubt. Lohnenswert sind des

---

37 Der Barthel-Index wird insbesondere in der Rehabilitationsmedizin eingesetzt und gibt mit einem Range von 0 bis 100 Punkten Auskunft über den Grad an Selbständigkeit bei den alltäglichen Verrichtungen.

Weiteren die geringere Wochenarbeitszeit und die vergleichsweise bessere Bezahlung der Kräfte. Die Arbeitsbedingungen könnten auch eine Erklärung dafür bilden, dass in der Einrichtung ein vergleichsweise hoher Anteil an männlichen Pflegekräften beschäftigt ist.

„Wir zahlen höhere Zuschläge. Die Pflegekräfte haben einfach mehr Geld in der Tasche. Und wir zahlen alle Überstunden. Das ist auch nicht überall in der Pflege gewährleistet. Die Überstunden werden jeweils im Folgemonat ausbezahlt." (Leitungskraft 1H)

Die vergleichsweise guten Arbeitsbedingungen in der ambulanten Intensivpflege, die durch die besseren Finanzierungsbedingungen in diesem Sektor ermöglicht werden, bleiben nicht ohne Auswirkungen im Konkurrenzkampf um gut qualifizierte Fachkräfte. So berichteten die Interviewpartner aus der stationären Untersuchungseinrichtung von einer hohen Fluktuation insbesondere bei den in Intensivpflege geschulten Fachkräften.

3.4.7 Fazit

Die außerklinische Intensivpflege hat in den vergangenen Jahrzehnten bedingt durch den medizinischen Fortschritt und durch den Ökonomisierungsdruck in den Akutkrankenhäusern erheblich an Bedeutung gewonnen. Sie ist im Vergleich zu anderen Pflegesektoren durch eine große Medizinnähe und durch einen hohen Technikeinsatz geprägt. Der Technikeinsatz bildet zugleich die Voraussetzung, dass die Patienten außerhalb von Krankenhäusern überhaupt versorgt werden können.

Die Bedienung der Geräte erfordert ein hohes Qualifikationsniveau aller Mitarbeiter/innen entlang der Vorschriften aus Versorgungsverträgen und den S2-Leitlinien der zuständigen Fachgesellschaften. Diese grundlegenden Qualifikationen müssen sowohl von ambulanten Diensten als auch von stationären Pflegeeinrichtungen gleichermaßen sichergestellt werden. Dennoch sind Unterschiede zu konstatieren. Während die Mitarbeiter/innen der ambulanten Pflege auf sich allein gestellt sind und deshalb alle Tätigkeiten selbstständig und sicher beherrschen müssen, können in der teamförmigen Organisation des Heimes über Mentorensysteme Unsicherheiten bei einzelnen Pflegekräften oder in besonderen Pflegesituationen ausgeglichen werden. Dies betrifft dort z.B. den Nachtdienst, in dem aus finanziellen Gründen auch weniger geübte Pflegekräfte aus anderen Abteilungen eingesetzt werden müssen.

Aufgrund des hohen Qualifikationsniveaus in beiden Einrichtungen erleben die Mitarbeiter/innen den Umgang mit der Technik als eher belastungsneutral. Belastungen resultieren vielmehr aus den psychosozialen Anforderungen der Arbeit, die sich aber unterschiedlich darstellen. In der stationären Pflege erzeugen

die unangemessenen Refinanzierungsbedingungen eine personelle Unterbeset-
zung, die sich auf der Arbeitsebene in Zeitkonflikten zwischen den Interessen
verschiedener Bewohnergruppen sowie den Angehörigen widerspiegeln. Zudem
müssen sich die Mitarbeiter/innen stets mit den jeweils unterschiedlichen Hilfsmitteln der verschiedenen Bewohner/innen auskennen. In der ambulanten Pflege
spielen eher das isolierte Arbeiten ohne Austausch und eine Arbeitssituation
zwischen Langeweile und hohen Aufmerksamkeitsanforderungen eine Rolle.
Zudem wird die erzwungene Nähe zu einer einzigen, meist nicht sprechfähigen
Person als anstrengend beschrieben, und es kommt häufig zu Vermittlungserfor-
dernissen und Konflikten mit überforderten Angehörigen.

Die Mitarbeiter/innen selbst nehmen die Arbeit in der außerklinischen Intensivpflege meist als befriedigend wahr, weil sie als reizvoll erlebt wird und
Profilierungs- sowie Professionalisierungsmöglichkeiten bietet. Demzufolge handelt es sich eher um selbstbewusste Pflegekräfte, die auch gegenüber anderen
Berufsgruppen ihre Position vertreten können.

Auf der Grundlage der Ergebnisse kann festgestellt werden, dass erst eine
Spezialisierung der Anbieter auf außerhäusliche Intensivpflege die notwendigen
Voraussetzungen schafft, damit die Arbeit in diesem Technikfeld als Chance für
eine sinnstiftende Pflegearbeit verstanden werden kann. Wenn Pflegedienste und
-einrichtungen hingegen nur einzelne solcher Patient/inn/en versorgen, fehlt es
in der Regel an der notwendigen Qualifizierung und an den strukturellen Voraussetzungen, was mit Risiken für die Schwerkranken verbunden ist und zu
einer Überforderung der damit betrauten Pflegekräfte führt.

Die Befragungen haben zudem verdeutlicht, dass im Bereich der sozialrechtlichen Rahmenbedingungen erhebliche strukturelle Nachteile für die stationäre Erbringung von außerhäuslicher Intensivpflege bestehen. Dies betrifft in
erster Linie die Finanzierung nach dem SGB XI, durch die eine unangemessene
Finanzierung der Leistungen mit der Folge eines erheblichen Personalmangels
entsteht. Als weitere damit verbundene Nachteile sind die strengeren Prüfungen
durch Behörden sowie die Beteiligung der Angehörigen an den Kosten der Versorgung zu nennen. Eine Schnittstellenbereinigung zwischen dem SGB XI und
V scheint für dieses Versorgungssegment angemessen, wenn die Möglichkeiten
einer stationären Versorgung weiterhin aufrechterhalten bleiben sollen.

4. Effekte und Potenziale des Technikeinsatzes in der Pflege

In den vorangegangenen Fallstudien wurden die praktische Nutzung und die Rolle verschiedener Technologietypen für die Entwicklung der Pflegearbeit betrachtet. Die Fallstudien liefern gewissermaßen eine „Tiefenbohrung" zu den Organisationsstrategien und den Erfahrungen der handelnden Akteure, die sich mit dem Einsatz eines bestimmten Technologietyps verbinden. Im Folgenden sollen nun eine komparative, querschnittartig angelegte Darstellung geleistet und einige Zuspitzungen der Befunde erarbeitet werden. Dazu erfolgt zunächst über die Fallstudien hinweg eine resümierende und vergleichende Betrachtung wichtiger empirischer Ergebnisse. Anschließend wird mit Bezug auf die Finanzierungsmöglichkeiten und die betrieblichen Technikstrategien die Kontextgebundenheit des Technikeinsatzes reflektiert. Mit Blick auf die Arbeitsanforderungen in der Pflege wird der Aspekt der Technikvermittlung herausgearbeitet und vor dem Hintergrund des wissenschaftlichen Diskurses um Interaktionsarbeit dargestellt. Schließlich werden zu den Potenzialen der Technik für die Professionalisierung der Pflegearbeit sowie für die Stärkung der Pflegequalität ausgewählte Befunde zusammengefasst.

4.1 Vergleichende Betrachtung der empirischen Befunde

Im Rahmen der Studie wurde der Einsatz von Technologien in der Pflege betrachtet, welche sich in mehrfacher Hinsicht voneinander unterscheiden: Auf der einen Seite stehen elektromechanische Hilfen mit einer eher simpel zu bedienenden Steuerung („Low-Tech"), auf der anderen Seite modernste Gerätschaften der Informations- und Kommunikationstechnik sowie lebenserhaltende Apparaturen aus der intensivmedizinischen Versorgung – mit entsprechend unterschiedlichen qualifikatorischen und organisatorischen Voraussetzungen, die für ihre kompetente Handhabung jeweils erfüllt werden müssen. Zwar werden alle diese Technologien in der Praxis von stationären Einrichtungen und ambulanten Diensten eingesetzt, dennoch unterscheiden sie sich in ihrem gegenwärtigen Verbreitungsgrad erheblich. Ebenso variiert die Einbindung der Techniknutzung in die alltäglichen Abläufe der Pflege und in die Pflegeinteraktion.

Trotz dieser Diversität und der aufgrund des explorativen Zuschnitts der Studie gebotenen Zurückhaltung, was die Ableitung verallgemeinerungsfähiger Schlussfolgerungen anbetrifft, lassen sich die vier untersuchten Techniktypen hinsichtlich ihrer Effekte auf die alltägliche Pflegearbeit, die Professionalisierung der Pflege sowie die zukünftige pflegerische Versorgung vergleichend diskutieren. Hierzu wird in der weiteren Betrachtung auf die wichtigsten Vergleichsdimensionen zurückgegriffen, die im Verlauf der Untersuchung aus der Empirie hervorgegangen sind bzw. zur Analyse des empirischen Materials entwickelt wurden. Im Einzelnen handelt es sich dabei um die Dimensionen „Verbreitung", „Eingriffstiefe in die Arbeitsorganisation", „Adaptierbarkeit der Technik", „Entlastungen", „Belastungen", „Eingriff in die Pflegeinteraktion", „Vermittlung als neue Arbeitsanforderung" und „Qualifikations- und Kompetenzanforderungen".

Folgende Tabelle fasst die Ergebnisse zusammen und gibt die Ausprägungsgrade auf den Vergleichsdimensionen relational wieder (vgl. Tab. 4). Auf die Dimensionen der Technikvermittlung sowie der Qualifikations- und Kompetenzanforderungen wird weiter unten noch vertiefend eingegangen.

Hinsichtlich des Verbreitungsgrades der untersuchten Technologiebereiche liegen nur lückenhafte Daten vor. Hebe- und Tragehilfen scheinen zumindest in stationären Einrichtungen nahezu flächendeckend vorhanden. EDV-Systeme zur Dokumentation und Pflegeprozessplanung wurden nach einer Studie aus dem Jahre 2012 in mehr als der Hälfte der Einrichtungen eingesetzt bzw. wurde de-

Tab. 4: *Vergleich der untersuchten Technologietypen für Arbeit,*
          Professionalisierung und Versorgung

	Hebe- und Trage-systeme	EDV-Dokumen-tation	Personenortungs-systeme	Außerklinische Intensivpflege
Verbreitung	+++	+++	+	++
Eingriffstiefe in die Arbeits-organisation	++	+	+	+++
Adaptierbarkeit der Technik	+	++	+	–
Entlastungseffekte durch Technikeinsatz	++	+	++	*
Belastungseffekte durch Technikeinsatz	–	+	+	*
Eingriff in die Pflegeinteraktion	+++	+	+	*
Vermittlung als neue Arbeits-anforderung	+++	+	++	+
Qualifikations- und Kompetenzanforderungen	–	++	+	+++

–	=	Nicht vorhanden
+	=	Schwache Ausprägung
++	=	Mittelstarke Ausprägung
+++	=	Starke Ausprägung
*	=	Aufgrund der Besonderheit der Technologie für einen Vergleich nicht geeignete Kategorie

ren Einsatz geplant (Althammer/Sehlbach 2012). Diese beiden Technologietypen gehören also schon heute weitgehend zum Alltag in der (stationären) Altenpflege. Ebenso wird die außerklinische Intensivpflege als ein Feld wachsender Bedeutung betrachtet, weil immer mehr schwerkranke Menschen aufgrund des technischen Fortschritts zu Hause versorgt werden können. Valide Daten zu den Zahlen der in der außerklinischen Intensivpflege versorgten Menschen liegen jedoch nicht vor. Gleiches gilt für den Einsatz von Personenortungssystemen: Ihre Nutzung in der Praxis steht vermutlich erst am Anfang; jedoch kann hier für die Zukunft ein bedeutender Wachstumsmarkt angenommen werden angesichts der wachsenden Zahl Demenzkranker, der vermutlich weiterhin bestehenden Fachkräfteknappheit in Pflege und Betreuung sowie des Anspruches der Menschen, sich selbstbestimmt, frei und zugleich geschützt bewegen zu können.

Auf die Arbeitsorganisation haben die lebenserhaltenden Beatmungstechnologien in der außerklinischen Intensivpflege den vergleichsweise stärksten Einfluss. Dies hängt unmittelbar mit der Zentralstellung der Geräte zusammen, die das gesamte Arbeitsfeld erst konstituieren und ein hoch qualifiziertes, engmaschiges Monitoring sowie unmittelbare Reaktionen der Pflegekräfte bei auftretenden Abweichungen erfordern. Im ambulanten Bereich ist dies nur durch eine permanente Eins-zu-eins-Betreuung der zu Pflegenden organisierbar, im stationären Bereich müssen alarmbedingte Unterbrechungen des Arbeitsablaufes systematisch eingeplant und durch einen überproportionalen Einsatz qualifizierter Fachkräfte unterlegt werden. Die gesamte Arbeitsorganisation und Personaleinsatzplanung setzen auf diesen primär technikbezogenen Anforderungen auf. Auch die anderen untersuchten Technologietypen tangieren – wenn auch in schwächerer Ausprägung – die Arbeitsorganisation: So ermöglichen die Lifter, dass Pflegekräfte sämtliche Pflegehandlungen, einschließlich des Transfers der zu Pflegenden, alleine bewerkstelligen können. Es entfällt somit für diesen Arbeitsschritt die organisatorische Notwendigkeit, so viel Personal in dem jeweiligen Wohnbereich einzuplanen, dass zur Unterstützung von Hebe- und Tragearbeiten eine weitere Pflegekraft situativ hinzugezogen werden kann. Die Nutzung von Personenortungssystemen ist für die Arbeitsorganisation insofern relevant, dass geklärt werden muss, welche Kräfte die einbezogenen Personen bei Bedarf wieder in die Wohnung oder den stationären Wohnbereich zurückführen. Diese Anforderung wird umso bedeutsamer, je häufiger die Ortungsgeräte zum Einsatz kommen. Die EDV-Systeme zur Dokumentation schlagen nur bedingt auf die Organisation der Pflegearbeit durch: Sie ermöglichen z.B. die Reduzierung von Übergabezeiten. Bisher liegen nur wenige Erfahrungen vor, inwieweit sie auch administrative Prozesse vereinfachen und beschleunigen können. Die Schnittstelle zwischen Pflegedokumentation und Administration ist zwar technisch gegeben, wurde aber in nur einer der untersuchten Einrichtungen systematisch genutzt. Hier könnte in der Praxis der Einrichtungen und Dienste ein noch unausgeschöpftes Potenzial für Produktivitätsgewinne im Bereich der Administration liegen.

Die Adaptierbarkeit, also die Möglichkeiten, die Geräte und ihre Einstellungen an örtliche Gegebenheiten und individuelle Bedarfe anzupassen, variiert je nach Techniktyp deutlich. Noch am ehesten scheint dies bei den Dokumentationssystemen möglich, bei denen bestimmte Funktionen und Systemelemente optional aktiviert bzw. deaktiviert oder einer Anpassung unterzogen werden können. Die Hebe- und Tragegeräte wie auch die Personenortungssysteme haben eng definierte Regeln für ihre Handhabung; bei der Liftertechnologie sind gegebenenfalls ergonomische Einstellmöglichkeiten für die Pflegekräfte vorhanden. Für die Technologie der außerklinischen Intensivpflege sind die Parameter durch medizinische Definitionen und die individuellen Bedarfe der Patient/inn/en gesetzt. Diese Parameter setzen die Spielräume für gegebenenfalls notwendige patientenbezogene Anpassungen. Eine ergonomisch oder organisational begründete Adaptierungsmöglichkeit ist nicht vorgesehen.

Der Technikeinsatz wurde von den befragten Pflegekräften über die verschiedenen Technologietypen hinweg überwiegend als eine Entlastung bei der Arbeit wahrgenommen. Dies trifft insbesondere für körperliche Entlastungswirkungen durch den Einsatz moderner Liftertechnologien zu. Ähnlich verhält es sich bei den Weglaufschutz- und Personenortungssystemen. Zwar entstehen aus Sicht der Befragten auch neue Stressfaktoren im Zusammenhang mit dem Technikeinsatz (z.B. in Form der Geräuschkulisse durch Alarmsignale), insgesamt überwiegt jedoch die subjektive Entlastung vom Aufmerksamkeitsdruck bzw. von der andauernden Sorge um weglaufgefährdete Pflegebedürftige durch die Gerätenutzung. Für den Einsatz von IT-Systemen zur Dokumentation liegen unterschiedliche Erfahrungen vor: Die EDV wurde dann als eine Entlastung für die Pflegearbeit wahrgenommen, wenn technikseitig eine leichte Bedienbarkeit und eine störungsfreie Funktion gegeben waren und organisationsseitig eine hinreichende Begleitung des Personals während der Einführungsphase sichergestellt wurde. In der Praxis waren jedoch auch Anwendungsbeispiele zu finden, in denen die Nutzung dieser Technologie aufgrund einer nur mangelhaften Schulung und Begleitung der Pflegekräfte, technischer Insuffizienzen und einer mit dem Technikeinsatz verbundenen erhöhten Kontrolle der Beschäftigten als eine Belastung für die Pflegearbeit erfahren wurde. Die Techniknutzung in der außerklinischen Intensivpflege stellt einerseits zwar hohe qualifikatorische Anforderungen an die Beschäftigten. Sie ist allerdings nur schwer unter dem Kriterium von Belastungs- oder Entlastungswirkungen zu fassen. Sie ist – wie oben dargelegt – ein wesentliches konstitutives Element der spezifischen intensivpflegerischen

Arbeit und insofern für die Pflegekräfte „schlicht gegeben".[38] Die alltägliche Arbeit ist ohne die Existenz dieser Technologie einfach nicht vorstellbar.

Ein weiteres wichtiges Differenzierungsmerkmal der untersuchten Techniktypen bezieht sich darauf, an welchen Punkten der alltäglichen Pflegearbeit sie zum Tragen kommt. Vor allem ist dabei von Bedeutung, ob die Technik für die indirekten, außerhalb des Sichtkontaktes zu den Pflegebedürftigen auszuführenden Aufgaben der Pflegearbeit genutzt wird oder ob sie in die direkte Pflegeinteraktion zwischen Pflegekraft und zu pflegender Person eingreift. Hier unterscheiden sich die untersuchten Technikanwendungen erheblich: Bei der Nutzung von Liftern zur Mobilisierung und Lagerung von Personen schiebt sich die Technologie gewissermaßen „zwischen" die Pflegekraft und den zu Pflegenden. Dadurch wird sie zugleich Bestandteil und Gegenstand der Pflegeinteraktion und muss in besonderer Weise vermittelt werden (siehe nächster Abschnitt). Die Pflegeinteraktion ist durch die Nutzung von EDV-gestützten Dokumentationssystemen dagegen zumeist nur indirekt oder punktuell berührt. Ihre Nutzung muss gelegentlich erläutert werden, etwa wenn Pflegebedürftige und Angehörige nicht verstehen, wozu Eingaben an einem Handy erfolgen. Bei der Personenortung müssen die Betroffenen hingegen immer wieder informiert und gegebenenfalls überzeugt werden, wenn mobile Sender an der Kleidung angebracht werden. In der ambulanten Intensivpflege hingegen entstehen gelegentlich Deutungskonflikte zwischen den Pflegekräften und Angehörigen um die „richtige" Bedienung der Technologie. Hier sind die professionell Pflegenden ebenfalls gefordert, die Technikanwendung kommunikativ zu vermitteln.

Die vergleichende Betrachtung der Technologietypen zeigt zudem, dass die Nutzung der Technik sehr unterschiedliche Anforderungen an die Qualifikationen und „Technikkompetenzen" der Pflegekräfte stellt. So sind die (elektro-)mechanischen Hebe- und Tragehilfen in der Regel nach einer kurzen Einweisung von der technischen Seite her einfach zu bedienen. Jedoch müssen die Pflegekräfte hier die kommunikative und soziale Kompetenz besitzen, den Pflegebedürftigen die Lifternutzung zu erläutern und gegebenenfalls bestehende Ängste im Rahmen der Pflegeinteraktion abzubauen. Den qualifikatorischen Gegenpol bildet gewissermaßen die außerklinische Intensivpflege: Hier sind umfangreiche Schulungen in der Handhabung z.B. der Beatmungsgeräte und der Ernährungssonden notwendig; zudem müssen die in der Intensivpflege eingesetzten pflegerischen Fachkräfte über die Fähigkeit verfügen, bedrohliche Situationen zu erkennen und häufig allein schnell und zielsicher über die richtigen Maßnahmen zu entscheiden bzw. diese einzuleiten. Die qualifikatorischen Anforderungen für die Handhabung der Systeme zur Personenortung hingegen sind als nicht beson-

---

38 Dieser Sachverhalt kann in der Perspektive der Pflegekräfte durchaus in den Begrifflichkeiten der Lebenswelttheorie von Schütz/Luckmann (2003) verstanden werden.

ders hoch einzuschätzen: Sowohl das untersuchte Weglaufschutzsystem als auch die Technik zur Personenortung sind offensichtlich einfach und mit geringem Fehlerrisiko zu bedienen. Die Kompetenzanforderungen gehen eher dahin, dass bei Auslösen eines Alarms schnell und mit einer professionellen Einschätzung ein sicherer Eindruck gewonnen werden muss, ob es sich um einen „echten" Alarm handelt und wohin sich die Person begeben haben könnte. Die Nutzung EDV-gestützter Dokumentationssysteme bringt hingegen zum einen die Anforderung mit sich, ganz allgemein einen Computer (Steuerung per Maus oder Touchpad, Tastatureingabe) oder ein mobiles Endgerät (Smartphone, Touchscreen) bedienen zu können. Auf diese Kompetenzen setzt erst die Schulung für die Handhabung der speziellen Dokumentationssoftware auf. Für Programmneuerungen oder neue Anforderungen in der Dokumentation muss von Zeit zu Zeit nachgeschult werden. Bei Störungen muss das Personal in der Lage sein, sowohl die Pflege auf professionellem Niveau durchzuführen als auch die notwendigen Informationen nachzudokumentieren. Insofern setzt die erfolgreiche Nutzung dieser Systeme bei den Pflegekräften eine Sicherheit in der Bedienung der Dokumentationssoftware und allgemein die Kompetenz zur Handhabung der Endgeräte zur Datenerfassung voraus.

4.2   Kontextbedingungen des Technikeinsatzes

Die hier vorgelegte Studie hat einen explorativen Charakter und arbeitet mit exemplarischen Falldarstellungen. In die Erhebungen wurden vier stationäre Einrichtungen und fünf ambulante Dienste in unterschiedlicher Trägerstruktur mit verschiedenen Technologieanwendungen einbezogen. Obwohl daher die Ergebnisse sehr spezifisch sind und auf der Ebene der Organisationen eine nur begrenzte empirische Breite vorliegt, lässt sich aufzeigen, dass die Praxis des Technikeinsatzes sowie dessen Effekte für die Pflegearbeit von betrieblichen und überbetrieblichen Kontextbedingungen abhängen, die im Folgenden kurz resümiert werden sollen.

Mit Blick auf den überbetrieblichen Kontext stellen die Finanzierungsbedingungen wichtige Faktoren für die Investitionsmöglichkeiten in die Anschaffung der technischen Geräte sowie für die Sicherstellung der notwendigen organisationalen und personellen Voraussetzungen für die Nutzung der Technologie dar. So verweist die Fallstudie zur außerklinischen Intensivpflege auf die divergierenden Finanzierungsgrundlagen in der Kranken- und Pflegeversicherung. Zwar werden die technischen Gerätschaften für die außerklinische Intensivpflege als individuelle Hilfsmittel von den Krankenkassen finanziert. Ganz anders stellt sich aber die Situation für die personellen und organisatorischen Rahmenbedingungen der Intensivpflege dar. In der stationären Pflege kann der Aufwand für die intensivpflegerische Versorgung nicht als Kosten der Behandlungspflege über das SGB V abgerechnet werden, sondern er ist in den Pflegesätzen des SGB XI bereits mit eingerechnet. In der Folge sind daher die Leistungen der außerklinischen Intensivpflege in den Pflegeheimen deutlich schlechter finanziert als bei den ambulanten Diensten, die die gleichen Leistungen über die Krankenkasse nach SGB V abrechnen können. Dementsprechend sind weniger Personalressourcen verfügbar und die Pflegekräfte in der Einrichtung klagen über Arbeits- und Zeitdruck sowie über permanente Zielkonflikte bei der Versorgung der Pflegebedürftigen. Diese Problematik auf der sozialrechtlichen Ebene hängt zwar nicht ursächlich mit der eingesetzten Technologie zusammen, definiert für diese aber deutlich unterschiedliche Nutzungsbedingungen im ambulanten und stationären Sektor.

Die anderen untersuchten Technologietypen mussten bei der Beschaffung und dem Betrieb sämtlich aus den Eigenmitteln der Träger bzw. über die Investitionskostenpauschale finanziert werden.[39] Insbesondere bei der Einführung der EDV-gestützten Dokumentationssysteme zeigen sich erhebliche Asymmetrien zwischen großen und kleineren Trägern, was die Investitionskapazitäten in suffiziente technische Lösungen betrifft. Insofern ist für die Zukunft die Frage aufzuwerfen, von welcher Seite aus künftig technologische Lösungen für Innovationen in der Pflege finanziert werden können (Braeseke et al. 2013). Viele privat getragene Einrichtungen und Dienste sind kleine und mittelständische Unternehmen mit einer nur dünnen Kapitaldecke, die auch dann die Risiken größerer technischer Investitionen scheuen, wenn diese sich langfristig rechnen.

Gleichermaßen bedeutsam ist der Aspekt, inwieweit die Einführung technischer Lösungen in eine umfassende betriebliche „Technikstrategie" eingebettet ist: Wird die einzelne Anwendung als ein Baustein eines umfassenderen Technologie-Konzeptes verstanden? Inwieweit ist die Techniknutzung Bestandteil der „Philosophie" bzw. der Organisationskultur in der Einrichtung? Welche Ressourcen und Maßnahmen werden mobilisiert, um die Pflegekräfte zu souveränen Nutzer/inne/n der Technik zu machen? In diesen Punkten zeigten sich deutliche Varianzen innerhalb der an der Befragung beteiligten Einrichtungen und Dienste. So wurde der Einsatz von Personenliftern in der entsprechenden Falleinrichtung als zentraler Baustein zur Entlastung der Mitarbeiter/innen verstanden, intern auch explizit so kommuniziert und zum Bestandteil eines gemeinsamen Grundverständnisses über die Ziele des Technikeinsatzes gemacht. Am Beispiel der EDV-gestützten Dokumentation kann nachgezeichnet werden, wie beteiligungsorientierte und vertrauensbasierte Technikstrategien zu einer breiten Akzeptanz

---

39   Im Falle der Personenortung wurden in einer der untersuchten Einrichtungen die Nutzer/innen an den laufenden Mobilfunkkosten des Systems beteiligt.

in der Belegschaft führen, das Fehlen ebendieser Vorgehensweisen dagegen Misstrauen und Ablehnung unter den Pflegekräften befördert.

Insofern bleiben den Einrichtungen und Diensten große Handlungsspielräume für die Gestaltung des Technikeinsatzes. Hier rückt die Bedeutung der Führungskräfte für eine gelingende Technikimplementation in den Vordergrund. Sie sind gefordert, die interne Kommunikation, die Qualifizierung der Mitarbeiter/innen sowie ihre laufende Unterstützung im Einführungsprozess so zu organisieren, dass sich die Pflegekräfte die Technologien produktiv aneignen und sie als eine Erweiterung ihres professionellen Handelns begreifen können.

4.3 Vermittlung von Technik als neue Anforderung an Interaktionsarbeit

Ein besonderer Fokus der Studie liegt auf den Effekten des Technikeinsatzes für die Pflegearbeit und den daraus abzuleitenden arbeitspolitischen Schlussfolgerungen. Für diesen Aspekt ist zunächst zu konstatieren, dass die pflegerische Versorgung von Menschen eine besondere Tätigkeit ist, die sich von der Arbeit vieler anderer Berufsgruppen unterscheidet. Sie ist in ihrem wesentlichen Kern Interaktionsarbeit. Im Unterschied zur Arbeit an Objekten kommt bei dieser Form der Arbeit der Interaktion zwischen zwei Akteuren – also der Pflegekraft und dem zu Pflegenden – eine zentrale Rolle zu. Insbesondere die personenbezogenen Dienstleistungen sind durch Interaktionsarbeit geprägt. Diese Form der Arbeit ist durch besondere Anforderungen gekennzeichnet, die in den vergangenen Jahren verstärkt in den Fokus der Arbeitsforschung gerückt wurden.[40] Im Folgenden sollen kurz die Grundcharakteristika der Interaktionsarbeit angerissen werden, um daran die Befunde zu den Effekten des Technikeinsatzes für die Pflegeinteraktion zu diskutieren. Den gängigen Konzeptionen zu Folge umfasst die Interaktionsarbeit vier grundlegende Elemente (Böhle et al. 2015):

Kooperationsarbeit, die der Herstellung einer Kooperationsbeziehung zwischen den professionellen Dienstleistern und ihren Kunden oder Klienten dient. Erst auf der Basis einer funktionierenden Kooperation, genauer gesagt: der Ko-Produktion, können personenbezogene Dienstleistungen erfolgreich erbracht werden (Gross/Badura 1977).

Im Zuge der *Emotionsarbeit* werden die eigenen Gefühle der professionell Handelnden bearbeitet und reguliert, um das in der Dienstleistungsbeziehung notwen-

---

40 Interaktionsarbeit ist in unterschiedlich akzentuierten Konzepten entwickelt und empirisch erforscht worden (Böhle et al. 2015; Dunkel/Weihrich 2012b; Hacker 2009; Böhle/Glaser 2006).

dige oder erwartete emotionale Verhalten an den Tag legen zu können. Ein Beispiel dafür ist die professionelle Freundlichkeit gegenüber Kunden oder die professionelle Geduld gegenüber Personen mit herausfordernden Verhaltensweisen.

Mit dem Begriff der *Gefühlsarbeit* wird dagegen die Bearbeitung der Gefühle anderer, also der Kunden und Klienten bezeichnet. Sie dient dazu, z.b. über den Aufbau von Vertrauen die Gefühle der „Dienstleistungsnehmer" so zu beeinflussen, dass die eigentliche Dienstleistungs- oder konkreter: Pflegearbeit begünstigt oder überhaupt erst ermöglicht wird.

Das *subjektivierende Arbeitshandeln* schließlich umschreibt die Fähigkeit, intuitiv mit Unwägbarkeiten umgehen und sich auf unplanbare Situationen einstellen zu können. Sie ist für die Interaktionsarbeit unerlässlich, weil sich der „Arbeitsgegenstand Mensch" nicht vollständig in vorab definierte Prozesse und Vorgehensweisen einfügen lässt.

Für die Pflege sind die hier skizzierten Elemente der Interaktionsarbeit elementar. Die Arbeit professionell Pflegender ist geprägt durch „das Ansetzen an der Leiblichkeit (und nicht nur am Körper) und eine die Existenz umfassende, heilende, Anteil nehmende und fürsorgende Hilfe und Unterstützung in krisenhaften, oftmals sehr verletzlichen Situationen" (Darmann-Fink/Friesacher 2009: 1). Im Unterschied zur Interaktionsarbeit z.B. bei Frisören liegt der Pflegeinteraktion also eine unmittelbare, face-to-face erbrachte Fürsorgeleistung zu Grunde, in der sich Pflegende und zu Pflegende in einer asymmetrischen Konstellation begegnen.

Der Diskurs um Pflege und Technik rankt sich in den letzten 40 Jahren immer wieder um die Frage, wie die „eigentliche" Pflegetätigkeit, die lebendige Interaktion zwischen Pflegendem und Pflegebedürftigen, mit einer wissenschaftlich-technischen Durchrationalisierung und der Standardisierung von Prozessen vereinbar ist (Hülsken-Giesler 2007a, b, 2008). An diesen Diskurs schließt die Perspektive der hier vorgelegten Untersuchung an: Mit Blick auf die Altenpflege war von besonderem Interesse, inwieweit der Technikeinsatz zum Bestandteil der Pflegeinteraktion wird oder direkt bzw. indirekt auf die Interaktion Einfluss nimmt.

Hervorzuheben ist, dass die empirischen Befunde wenig Hinweise auf eine generelle Relativierung oder Verdrängung der Pflegeinteraktion durch den Einsatz der Technik indizieren. Die Pflegekräfte reklamieren übereinstimmend, dass die unmittelbare Interaktion mit dem pflegebedürftigen Menschen nach wie vor der Kern der Pflegearbeit bleibe und in Zukunft auch bleiben müsse. Dies ist eine Setzung, die sowohl als empirische Aussage wie auch als normativer Standpunkt zu verstehen ist: Die Pflegekräfte bestehen auf einer professionellen Grundhaltung, welche kaum Ansätze für eine Akzeptanz der Substitution von Pflegearbeit durch Technik erkennen lässt. Aus Sicht der befragten Pflegekräfte ist der „Pflegenotstand", also Fachkräfteknappheit und Unterfinanzierung der Pflege, durch einen forcierten Technikeinsatz nicht zu lösen und ein so motivierter Technikeinsatz auch nicht gewollt.

Dennoch lässt sich anhand der einzelnen Technologiefallstudien zeigen, wie die Technik in unterschiedlichem Ausmaß in die Pflegeinteraktion „eindringt" und wie seitens der Praktiker/innen die Nutzung der Technik als ein neues Element der Arbeitsanforderungen thematisiert wird. Davon sind sowohl die Kooperationsarbeit wie auch die Gefühls- und Emotionsarbeit sowie das subjektivierende Arbeitshandeln in der Interaktionssituation betroffen.

Liftereinsatz: Interaktive Einbettung der Techniknutzung

Die Nutzung von Liftern greift unmittelbar in die Pflegeinteraktion ein und ist daher in einem besonderen Maße vermittlungsbedürftig. Dabei geht es zum einen darum, die Notwendigkeit der Lifteranwendung den Pflegebedürftigen und den Angehörigen zu erläutern. Eine Akzeptanz muss über die Auseinandersetzung mit den jeweiligen Einwänden, die Erläuterung der Einsatzgründe und eine entsprechende Vorteilsübersetzung hergestellt werden. Gelingt dies nicht, muss auf die Verwendung der Hebe- und Tragesysteme verzichtet werden. Diese Aufgabe betrifft also den Aspekt der Kooperationsarbeit in der Interaktion.

Zum anderen muss der Liftereinsatz von den Fachkräften auch wiederkehrend in die Pflegeinteraktion integriert werden. Die eigentliche Herausforderung besteht dabei weniger in der Technikbedienung als vielmehr im Umgang mit den Reaktionen und den Gefühlen des Gegenübers sowie in der Aufrechterhaltung der Interaktionsbeziehung während der Lifterprozedur. Im Arbeitsalltag gilt es deswegen, den Pflegebedürftigen die Aufstehhilfe im Zweifelsfall immer wieder zu erklären, Vertrauen aufzubauen und Ängste vor dem Liftervorgang zu bearbeiten. Dies ist eine besondere Herausforderung, wenn die entsprechenden Pflegebedürftigen kognitiv eingeschränkt oder dementiell erkrankt sind. Hier also stellen sich erhebliche Anforderungen an die durch die Pflegenden zu leistende Gefühlsarbeit, damit die Liftertechnologie genutzt werden kann. Die Pflegekräfte müssen die Voraussetzungen dafür schaffen, dass die Lifter komplementär zur Interaktion zum Einsatz kommen und die Technikbedienung mit der Pflegeinteraktion zeitlich und räumlich friktionslos ineinandergreifen können.

EDV-Dokumentation: Erläuterung einer den Pflegehandlungen gegenüber „externen" Technologie

Die Dokumentation ist eine Tätigkeit, die zu Zeiten der papierenen Erfassung der Daten vor allem im stationären Bereich abseits der Pflegeinteraktion, nämlich meist im Dienstzimmer, stattgefunden hat. Die jeweilige Dokumentationstechnologie greift also im Unterschied zu Hebe- und Tragehilfen nicht unmittelbar in die Pflegeinteraktion ein. Jedoch rückt mit der Nutzung mobiler EDV-Endgeräte die Dokumentation von der technischen Seite näher an „das Bett" heran. Die Befragten verwiesen darauf, dass die Nutzung von Handys zur mobilen Datenerfassung den Klienten gegenüber zum Teil erläuterungsbedürftig wurde. Gerade von der älteren Generation wurde das mobile Endgerät eher mit einem Artefakt assoziiert, das privat, in der Freizeit und vor allem von Jugendlichen genutzt wird. In solchen Situationen muss der Gebrauch des Gerätes durch die Pflegekräfte erläutert und begründet werden – was einen neuen und gegebenenfalls zusätzlichen Aufwand für die Kooperationsarbeit darstellt.

Dort, wo in der Häuslichkeit der Patienten ein Gerät zur digitalen Speicherung der Pflegedokumentation deponiert ist, bildet die digitale Datenerfassung dagegen den „Normalfall" bei den Besuchen des Pflegedienstes, die nicht weiter erläuterungs- und begründungpflichtig erscheint. Allerdings war bereits beim Erstbesuch des Dienstes eine Vermittlungsleistung vorausgegangen: Die Klienten bzw. ihre Angehörigen wurden in die Handhabung des in der Häuslichkeit verbleibenden Tablet-PCs durch die Pflegekräfte eingewiesen. So scheint die Dokumentationstechnologie zumindest nach einer Umstellung auf EDV-Systeme zunächst durch das Pflegepersonal vermittlungsbedürftig. Ihre Nutzung muss entweder erläutert und legitimiert werden, und/oder die Klienten müssen angeleitet werden, die Technologie selbst aktiv nutzen zu können.

Die Dokumentationstechnologie hat dann ein Potenzial, in die Pflegeinteraktion einzugreifen, wenn sie als zeitlicher Taktgeber für die Durchführung der Pflegehandlungen genutzt wird, etwa über akustische Erinnerungssignale. Solche Steuerungssignale lassen die Technologie gewissermaßen in die Pflegeinteraktion eindringen. Sie rufen die zeitliche Kalkulation der Maßnahmenplanung und das Verhältnis von zeitlichem SOLL und IST für die Pflegekräfte wie für die Pflegebedürftigen in Erinnerung. Über diese Funktion wird die „Innenseite" der Organisation des Pflegedienstleisters, nämlich die zeitliche Planung der Leistungsprozesse, nach außen gekehrt und kann so zum Gegenstand der Pflegeinteraktion geraten. Dies stellt die Pflegekräfte unter Umständen vor widersprüchliche Vermittlungsanforderungen: Sie müssen einerseits die über das Signal vermittelten zeitlichen Vorgaben erläutern und gleichzeitig um das Vertrauen werben, dass die pflegerische Versorgung dennoch bedarfs- und qualitätsgerecht ausgeführt wird. Die Pflegebedürftigen werden zugleich an die begrenzten Ressourcen erinnert, die ihnen zur Verfügung stehen. Diese zum Teil paradoxen Anforderungen der Technikvermittlung müssen die Pflegekräfte im Rahmen der Kooperations- und der Gefühlsarbeit in der Interaktionssituation bearbeiten.

Personenortung: Täglich wiederkehrende Überzeugungsarbeit
bei demenzkranken Menschen

Der Einsatz von Personenortungssystemen muss im Zweifelsfall nicht nur dem
Vormundschaftsgericht, den Angehörigen, Betreuern oder Vorsorgebevollmächtigten vermittelt werden, sondern vor allem und in erster Linie den betroffenen
Personen. Das ist gerade dann eine besondere Herausforderung, wenn diese kognitiv eingeschränkt bzw. dementiell erkrankt sind – dabei sind jedoch genau
diese Menschen die Zielgruppe für die Nutzung der Personenortung. Besondere
Anforderungen an die Pflegeinteraktion ergeben sich dann, wenn die Betroffenen in die Technikanwendung nicht selbst einwilligen können oder wollen, bei
etwaigen Rückholaktionen und bei Situationen, in denen die Pflegebedürftigen
am Weitergehen gehindert werden. Diese Anforderungen sind vielschichtig: Auf
der kommunikativen Ebene gilt es, gegenüber den Betroffen immer wieder
Überzeugungsarbeit zu leisten, sowohl was das Tragen der GPS-Geräte und
Funkarmbänder als auch was die Motivation zur Rückkehr in die Wohnung oder
die Einrichtung anbetrifft.[41] Der Handlungserfolg (also das Anziehen des
Transponders bzw. die Rückkehr auf Station etc.) hängt stark davon ab, inwieweit es den Pflegekräften auf dem Wege der Verständigung, Beziehungsgestaltung und Gefühlsregulation gelingt, situativ Einfluss auf das Verhalten und Erleben der Bewohner/innen zu nehmen und gegebenenfalls Veränderungen herbeizuführen. Die Kompetenzen zur Gefühlsarbeit sind also hier für einen erfolgreichen Technikeinsatz entscheidend. Dennoch glückt es keineswegs immer, ein
Einvernehmen herzustellen, so dass Pflegekräfte gegen den Willen der Pflegebedürftigen handeln und darüber mitunter in Konflikt mit ihren eigenen fachlichen und moralischen Wertüberzeugungen geraten. Sie müssen als Teil der Emotionsarbeit ihre damit verbundenen Gefühle des Bedauerns und der Beklommenheit bearbeiten. Das Selbsterleben und der Umgang mit dem eigenen Unbehagen
in solchen Situation sind gleichermaßen wichtige wie voraussetzungsvolle Arbeitsanforderungen im Kontext des Einsatzes der Ortungsgeräte.

Ein weiterer Aspekt der Vermittlungsarbeit betrifft weniger die unmittelbare Pflegeinteraktion als vielmehr den Umgang mit den durch die Ortungssysteme ausgelösten Alarmsignalen. Mit letzteren ergeht an die Pflegekräfte eine
technisch induzierte Aufforderung, darüber zu entscheiden, ob eine Handlung
erfolgen soll oder nicht. Die Interpretation dieser Aufforderung, die dazugehörige Situationseinschätzung sowie etwaige Abwägungs- und Entscheidungspro-

---

41 Diese Anforderung an die Interaktion stellt sich zwar unabhängig von der Technologie
     immer, wenn individuell auf das Weglaufverhalten einzelner Personen reagiert werden
     muss. Jedoch vergrößert sich dieses reaktive Element in der Betreuung in dem Maße,
     wie erst auf Alarmsignale hin gehandelt wird, welche durch ein Personenortungssystem
     gesetzt werden.

zesse über zu veranlassende Aktivitäten werden zu Aufgaben des Personals. Diese Anforderung lässt sich als Übersetzungsleistung einer zunächst unspezifischen technischen Problemmeldung in eine professionelle Handlung beschreiben. Sie erfordert die Kompetenz zum subjektivierten Arbeitshandeln, nämlich aus der Kenntnis der betroffenen Klienten, der professionellen Erfahrung und einer intuitiven Einschätzung heraus die mit der Unklarheit und Unsicherheit einer technischen Meldung verbundene Situation in sicheres professionelles Handeln zu überführen.

Außerklinische Intensivpflege: Ringen um die Deutungshoheit in der Technologieanwendung

Im Rahmen der häuslichen Intensivpflege stehen die Pflegekräfte vor der Herausforderung, dass sie nicht nur eine Pflegebeziehung zu den Patienten aufbauen, sondern gleichermaßen eine funktionierende Kooperationsbeziehung zu den Angehörigen herstellen müssen. Bei Neuaufnahmen der ambulanten Dienste treffen sie häufig auf die Situation, dass die Angehörigen bereits im Vorfeld über einen gewissen Zeitraum die Versorgung alleine übernommen und sich daher ein Fachwissen im Umgang mit den technischen Apparaten angeeignet haben. Diese Übergabe der Versorgungs- und Pflegeverantwortung an die Fachkräfte des Dienstes ist in vielen Fällen ein Vorgang, der von Aushandlungsprozessen und auch Konflikten um die Deutungshoheit über die „richtige" Anwendung der Apparaturen verbunden ist. Dabei muss seitens der Pflegekräfte die aus der professionellen Perspektive gebotene Handhabung der Beatmungstechnologie erläutert werden. Nicht selten müssen aber auch die Bedienung der Geräte und die vorzunehmenden Pflegehandlungen mit den Angehörigen aktiv verhandelt werden. Dabei treten die Angehörigen in ihrer eigenen Privatwohnung mitunter selbstbewusst mit dem Anspruch auf, die Gerätehandhabung und das Pflegehandeln der professionellen Kräfte mit zu definieren. Die Pflegekräfte müssen sich dabei einerseits gegen Interventionen oder Kontrollansprüche der Angehörigen zur Ausführung ihrer Arbeit abgrenzen und sich zugleich um eine vertrauensbasierte Kooperationsbeziehung zu den Angehörigen bemühen. Die besondere Herausforderung an die Kooperationsarbeit besteht darin, dass die Pflegekräfte die Aushandlungsprozesse aktiv zu gestalten, Kompromisse einzugehen und mit diplomatischem Geschick Konflikte zu deeskalieren vermögen. Dies erfordert eine hohe soziale Kompetenz und Empathie für das Belastungserleben der Angehörigen.

Die empirischen Ergebnisse der vorliegenden Untersuchung zeigen, dass der Technikeinsatz in der Pflege – in je nach Techniktyp und Anwendungskontext unterschiedlicher Ausprägung – an die Interaktionsarbeit der Pflegekräfte eine neue Anforderung stellt: die Vermittlung der Techniknutzung im Pflegeprozess.

In dieser Vermittlungsleistung liegt die fundamentale Voraussetzung einer Mindestakzeptanz der Technik bei den Pflegebedürftigen und ihren Angehörigen, auf die erst eine erfolgreiche und aufwandsarme Handhabung der Technik aufsetzen kann. Für die Technikvermittlung müssen die Pflegekräfte auf alle vier Kompetenzbereiche der Interaktionsarbeit zurückgreifen:

- die Kooperationsarbeit mit den Pflegebedürftigen und den Angehörigen zur Gewinnung von (Ein-)Verständnis und Akzeptanz der Techniknutzung;
- die Emotionsarbeit zur Regulierung eigener negativer Gefühle, wenn durch den Technikeinsatz Dilemmata-Situationen entstehen;
- die Gefühlsarbeit zur Herstellung von Angstfreiheit und Vertrauen in die Techniknutzung;
- das subjektivierende Arbeitshandeln, wenn Technologien Impulse und Informationen in den Arbeitsprozess einbringen, die erst sinnvoll interpretiert und in professionelle Arbeitsschritte übersetzt werden müssen.

Aus diesen Befunden heraus lässt sich die Frage aufwerfen, ob nicht für die zukünftige Analyse von Dienstleistungsarbeit der Aspekt der Technikvermittlung als substanzieller Bestandteil von Interaktionsarbeit stärker und systematischer berücksichtigt werden müsste. Für die Zukunft wurde bereits in verschiedenen Projekten und Forschungsprogrammen die wachsende Bedeutung der Technologie für (personenbezogene) Dienstleistungen und umgekehrt die Rolle der Dienstleistungen für die Funktionalität technischer Systeme herausgearbeitet, zum Beispiel im Förderschwerpunkt Technik und Dienstleistungen des BMBF und in den Förderprogrammen zur Entwicklung assistierender Technologien (www.mtidw.de). Von daher lässt sich nicht nur aus der hier vorgelegten Studie die Annahme stützen, dass die alltägliche Handhabung moderner Technologien die Arbeit in Pflege und Versorgung zukünftig stärker prägen wird. Und nicht nur in der Pflege: Das fundamentale Eindringen der Technologie in die Dienstleistungsinteraktionen wurde in den vergangenen Jahren auch bereits für andere Felder sozialer Dienstleistungsarbeit empirisch beschrieben, etwa die Rolle des Computers als „dritter Akteur" in Beratungsgesprächen der Arbeitsagenturen (Hielscher/Ochs 2009). In der Konzeptualisierung der Dienstleistungsarbeit als Interaktionsarbeit steht die systematische Entwicklung dieses Aspektes allerdings noch aus.

4.4 Perspektiven des Technikeinsatzes für die Professionalisierung der Pflegearbeit

Eine weitere mit der Studie verbundene Fragestellung bezieht sich darauf, inwieweit durch einen zunehmenden Technikeinsatz eine Aufwertung des Pflegeberufes erwartet werden könnte. Zum einen bezieht sich die Erwartung unmittelbar auf eine Steigerung der Komplexität der Arbeitsverrichtungen sowie auf einen durch die stärkere Nutzung von „High-Tech" verbundenen Imagegewinn des Pflegeberufes in der Öffentlichkeit. Zum anderen speist sich die Erwartung aus der Überlegung, dass durch einen forcierten Technikeinsatz die Produktivität in der Pflege gesteigert und solche indirekten Effekte als Ansatzpunkt für eine gesellschaftliche Aufwertung der Pflegearbeit und eine damit verbundene verbesserte Tarifierung der entsprechenden Berufsgruppen genutzt werden könnten.

Im Hinblick auf die untersuchten Technologietypen fallen die Qualifikationsanforderungen und die Professionalisierungspotenziale sehr unterschiedlich aus: Für die Nutzung von Hebe- und Tragehilfen, aber auch bei der Einführung von Personenortungssystemen waren in den befragten Einrichtungen kurze Einweisungen hinreichend. Aufwändige Anwenderqualifizierungen oder der Aufbau von umfassender Technikkompetenz bei den Nutzern scheinen hier kaum notwendig. Die Arbeit in der außerklinischen Intensivpflege wiederum erfordert umfangreiche Schulungen und Einweisungen in die technischen Geräte sowie in die Pflege von Patient/inn/en mit einem erhöhten und speziellen Pflegebedarf. Sie setzt ein hohes Qualifizierungsniveau, etwa eine intensivmedizinische Fachweiterbildung der eingesetzten Pflegekräfte voraus. Hinsichtlich der Professionalisierungspotenziale der Pflege stellt die Intensivpflege ein zwar wachsendes und für technikaffine Pflegekräfte interessantes, jedoch auch eingegrenztes und – wie dargestellt – unter speziellen Rahmenbedingungen organisiertes Berufsfeld mit spezifischen Anforderungen dar. Innerhalb der Tätigkeit in diesem Feld waren Professionalisierungseffekte zusätzlich durch den Ausbau sozialer Kompetenzen zu identifizieren (Schulungen zu Kommunikation mit Angehörigen, Konfliktmanagement etc.). Der Einsatz von intensivmedizinischen Apparaten scheint aber weniger als eigentlicher Treiber für die Veränderung von Arbeitsanforderungen in der Breite der Pflege, sondern sie ist vielmehr die Voraussetzung dafür, dass eine bereits spezialisierte Pflegearbeit an den entsprechenden Patient/inn/en überhaupt stattfinden kann.

Schlussendlich können am ehesten für das Anwendungsfeld der EDV-gestützten Dokumentation Effekte für eine Aufqualifizierung der Pflegearbeit identifiziert werden. Dabei werden vor allem der sichere Umgang mit dem Computer sowie die fehlerfreie Handhabung mobiler Datenerfassungsgeräte und der entsprechenden Dokumentationssoftware als neue qualifikatorische Anforderungen an die Pflegekräfte gestellt. Die befragten Beschäftigten selbst nahmen dies zum Teil als einen von Unsicherheit geprägten Prozess, zum Teil aber auch als einen Kompetenzgewinn wahr. Gegenüber anderen Berufsgruppen und Akteuren (z.B. Ärzten, MDK) wurden durch den Einsatz und die Beherrschung der EDV zudem die Handlungssicherheit und das professionelle Selbstbewusstsein gestärkt. Aus einer überwiegend pragmatischen Perspektive hatten die Pflegekräfte die Notwendigkeit zur Nutzung der Computertechnologie dann akzeptiert, wenn dadurch konkrete Entlastungen im Arbeitsalltag realisiert werden konnten. Dennoch waren sie nicht bereit, die „Technologisierung der Pflegearbeit" als eine generelle Aufwertung ihres Berufsstandes zu interpretieren. Sie sahen in der Technikkompetenz die Fähigkeit zur Bewältigung der Dokumentation als eine wichtige Rahmenbedingung ihrer Arbeit, jedoch keine grundlegende inhaltliche Aufwertung und kein Imagegewinn des Pflegeberufs. Im Gegenteil, die Befragten grenzten die eigentliche Professionalität des Pflegeberufes als die unmittelbare Tätigkeit am „Arbeitsgegenstand Mensch" (Hacker 2009) dezidiert von der Techniknutzung ab. Offensichtlich bleibt in dieser Perspektive die Technik bisher etwas der Pflege Äußerliches, etwas zu Hinterfragendes und zu Vermittelndes, das aus der Pflegeinteraktion möglichst herausgehalten werden müsse.

Somit fällt die Bilanz mit Blick auf die Überlegung, durch einen forcierten Technikeinsatz die Pflegearbeit inhaltlich anzureichern und im professionellen Selbstverständnis der Pflegekräfte wie auch in der öffentlichen Wahrnehmung zu modernisieren, eher ernüchternd aus: Eine Erweiterung der Qualifikationen und der Technikkompetenz zeigt sich noch am ehesten im Feld der EDV-gestützten Dokumentation, diese ist aber aus Sicht der Pflegekräfte kaum geeignet, den Pflegeberuf grundlegend gesellschaftlich aufzuwerten. Für die außerklinische Intensivpflege sind die hohen Qualifikationsanforderungen an die Pflegekräfte bereits eine *conditio sine qua non* ihrer Berufstätigkeit. Jedoch könnte eine Ausweitung dieses Teilsegments dazu beitragen, die Beschäftigtenstruktur in der Pflegebranche qualifikatorisch aufzuwerten.

Jenseits dieses Befundes könnte ein denkbares Szenario für die Zukunftsentwicklung darin bestehen, bestimmte Funktionen und Aufgabenbereiche, etwa die Pflegeprozessplanung, aus der regulären Pflegearbeit auszugliedern und an speziell qualifizierte Fachkräfte zu übertragen. Hier könnte sich ein potenzieller Einsatzbereich für akademisch qualifizierte Fachkräfte abzeichnen. Diese Perspektive ist in der Befragung aus Sicht der Fachkräfte explizit thematisiert worden. Ob eine solche funktionale Differenzierung in der Pflege jedoch berufspolitisch gewünscht ist, muss an anderer Stelle diskutiert werden.

Über die zweite Annahme, dass durch technikinduzierte Produktivitätsgewinne die Pflege aufgewertet werden könnte, lassen sich durch die vorliegenden Befunde kaum belastbare Aussagen treffen. Zeiteinsparungen durch den EDV-Einsatz in der Dokumentation wurden von den befragten Akteuren sehr unterschiedlich beurteilt. Etwaige Zeitgewinne wurden weniger für Personaleinsparungen genutzt als für zusätzliche Zeitpuffer in der Pflegearbeit, zumal die Situation in den Einrichtungen und Diensten zum Erhebungszeitpunkt noch davon geprägt war, dass die Umstellung von papiergestützten auf digitale Dokumentationsformen erhebliche zeitliche Transaktionskosten verursacht hatte. Möglicherweise ist allerdings in puncto Effizienzsteigerung die Potenzialität der Technologie noch nicht vollkommen ausgeschöpft, sowohl was die Handlungssicherheit der Pflegekräfte bei der Nutzung der Geräte angeht, wie auch hinsichtlich der Verknüpfung der Pflegedokumentation mit administrativen Funktionen (z.B. Abrechnung oder Einkauf).

Ebenfalls lieferte die Untersuchung des Liftereinsatzes Hinweise auf etwaige Produktivitätsgewinne, wenn etwa die Hebe- und Tragesysteme eine Verringerung der eingesetzten Personalzahlen ermöglichen kann. Ob dies jedoch – angesichts der ohnehin bestehenden Personalnot in der Pflege – eine in der Praxis relevante Tendenz werden könnte, bleibt eine offene Frage. Insgesamt scheint die Pflege zum gegenwärtigen Zeitpunkt derart an einer unteren Linie personalisiert, dass durch die betrachteten, derzeit empirisch relevanten Technologietypen kaum nennenswerte Produktivitätsgewinne zu erwarten sind, die als Personaleinsparung wirksam werden könnten.

4.5 Perspektiven des Technikeinsatzes für die Pflegequalität und die pflegerische Versorgung

Der Fokus der hier vorgelegten Untersuchung war auf die Folgen des Technikeinsatzes für die professionelle Pflegearbeit gerichtet. Die Entwicklung der Pflegequalität wie auch die Bedeutung der Techniknutzung für die pflegerische Versorgung stand nicht im Mittelpunkt der empirischen Erhebungen. Dennoch spielen sie eine Rolle, weil sie von der erlebten Arbeitsqualität professionell Pflegender nicht abzutrennen sind. Insofern sollen die Effekte der betrachteten Technologietypen für die Pflegequalität im Folgenden nachgezeichnet und ihre zukünftige Rolle für die pflegerische Versorgung diskutiert werden.

Hebe- und Tragesysteme sind eine bereits lang existierende Technologie zur Reduzierung der körperlichen Belastungen von Pflegekräften. Aus der Perspektive des Arbeitsschutzes ist der Einsatz dieser Technologie also keineswegs neu, da vor allem Tätigkeiten, die bei der Körperpflege von Bewohner/inne/n anfallen, sowie bei der Lagerung, dem Aufrichten und Mobilisieren der Pflegebedürftigen den Stütz- und Bewegungsapparat der Pflegekräfte stark belasten. Die empirischen Befunde zeigen jedoch darüber hinausgehend, dass die Anwendung neuerer Generationen von Aufstehhilfen dazu beitragen kann, auch die Mobilität ansonsten immobiler, bettlägeriger Pflegebedürftiger zu verbessern und in stärkerem Maße Teilhabe zu ermöglichen. Je besser die Lifter arbeitsnah verfügbar sind, je vertrauensschaffender ihr Design angelegt werden kann und je geschulter das Personal in der Handhabung dieser Geräte ist, desto eher kann erwartet werden, dass die Liftertechnologie nicht nur positive Effekte für das Muskel-Skelett-System der Pflegekräfte, sondern auch für die Mobilisierungs-

und Teilhabemöglichkeiten der stationär untergebrachten Pflegebedürftigen besitzt.

Mit der Digitalisierung der Pflegedokumentation verbinden sich verschiedene Erwartungen an eine Verbesserung der Pflegequalität: Als Zeitgewinn für die Pflege, als präzisere und zielgenauere Ausführung der Pflegemaßnahmen, als systematischere Planung, Durchführung und Evaluation des Pflegeprozesses. Die IT-gestützte Pflegedokumentation gilt als ein Versuch von Technik und Praxis, den steigenden Qualitätsanforderungen im Gesundheitssystem gerecht zu werden (Zieme 2010). Sie ermöglicht und erfordert die Entwicklung einheitlicher Fachbegriffe in der Pflege, um pflegerische Handlungen standardisiert beschreiben und vergleichen zu können. Nicht zuletzt sollen über eine Standardisierung und das Monitoring der Pflegeprozesse Pflegefehler vermieden und Ineffizienzen in der Pflegepraxis reduziert werden.

In den empirischen Befunden der vorliegenden Untersuchung konnten diese angestrebten Wirkungen nur teilweise und indirekt nachgewiesen werden. Aus Sicht der befragten Pflege(fach)kräfte konnten durch die standardisierte und zeitnahe Abfrage der Pflegemaßnahmen qualitätssichernde Effekte vor allem bei den Pflege*hilfs*kräften im stationären Bereich realisiert werden. Die für jeden Pflegebedürftigen tagesaktuell angezeigte Maßnahmenplanung muss von der jeweils zuständigen Kraft Schritt für Schritt zur Kenntnis genommen, umgesetzt und auch abgezeichnet werden. Die standardisierte Abfrage der einzelnen Maßnahmen würde in dieser heterogenen und vergleichsweise gering qualifizierten Gruppe zu einem Gewinn an Handlungssicherheit führen und die zeitlichen Kosten für die innerbetriebliche Kommunikation von Detailinformationen reduzieren. Die Bewohner/innen können insofern davon profitieren, dass die Versorgung in der Grundpflege vollständig nach den Vorgaben der Pflegeplanung umgesetzt wird und Pflegefehler reduziert werden. Diese Effekte sahen die befragten Pflegefachkräfte für ihre eigene Arbeit allerdings kaum: Sie verorteten ihre Professionalität jenseits des über die Dokumentationsanforderungen gezeichneten Handlungsrahmens. Aus den Befunden lässt sich also nur bedingt ablesen, dass die digitale Pflegedokumentation im Vergleich zur papierenen Variante bruchlos eine Standardisierung der Pflegehandlungen und eine durchgeplante Prozessorientierung in der Pflege ermöglicht und befördert. Insbesondere die Pflegefachkräfte setzen den systemisch gesetzten Vorgaben ihr eigensinniges Verständnis von Professionalität in der Pflege entgegen; das Dokumentationssystem wird nicht selten als eine eigene virtuelle Welt „bedient" – jenseits der „eigentlichen" Pflege am Menschen.[42] Schlussendlich bedeutet dies, dass sich über den

---

42 Die Nutzungspotenziale von Patienten- und Pflegedokumentationsdaten „per Knopfdruck" am Bett dürften in der Praxis der Krankenhauspflege perspektivisch eine deutlich höhere Relevanz besitzen als im hier betrachteten Feld der Altenpflege.

EDV-Einsatz in der Pflegedokumentation (bisher) weder die mit dem systematisch organisierten Pflegeprozess erhofften Effekte der Qualitätssicherung noch die gelegentlich befürchtete Präformierung der Pflegehandlungen aus einer „Maschinenlogik" heraus (Hülsken-Giesler 2008) bruchlos und umfassend realisiert haben. Die Technologie wird vielmehr erst in der konkreten Anwendungssituation durch die eigensinnigen Arbeitssubjekte angeeignet und seiner konkreten Nutzung zugeführt. Diese Kombination von Artefakten und sozialen Handlungsformen ist für soziotechnische Systeme konstitutiv und kann nicht vollständig durch die Technologie vorweggenommen bzw. determiniert werden (Weyer 2009). Die Pflegekraft als handelndes Subjekt mit ihren Qualifikationen, professionellen Orientierungen und Motivationen in der konkreten Arbeitssituation bleibt also die wesentliche Instanz, welche definiert, inwieweit die Potenziale der digitalisierten Dokumentation in der Pflegeinteraktion wirksam werden können.

Auch das Versprechen der Informationstechnologie nach Effizienz- und Zeitgewinnen für die Pflege konnte nur unter bestimmten technischen und organisatorischen Voraussetzungen eingelöst werden. Neben der Zuverlässigkeit, Handhabbarkeit und Funktionalität der Geräte und der Software war für die Realisierung positiver Effekte entscheidend, dass Doppelstrukturen in der Dokumentation möglichst vollständig abgebaut wurden. Dies ist insbesondere in der ambulanten Pflege derzeit noch eine besondere Herausforderung, weil offenbar der digitale Datenaustausch zu den Kassen bisher nur unzureichend funktioniert und die Leistungsanbieter sich gegebenenfalls zu aufwändigen Doppelaktivitäten gezwungen sehen. In den Einrichtungen und Diensten, in denen die Pflege- und Leitungskräfte von identifizierbaren Zeitgewinnen berichtet haben, wurden diese Puffer (bisher) als Zeit für Betreuung und Zuwendung in der Pflege belassen, so dass auch die Pflegebedürftigen von diesen mittelbaren Effekten der EDV-gestützten Dokumentation profitieren konnten.

Die Kritik am Umfang, der Struktur und der Kontrolle der Dokumentation von Leistungen nach dem SGB XI waren Anlass für das Bundesgesundheitsministerium, ein Modellprojekt zur Entbürokratisierung der Pflegedokumentation zu starten. Auf der Basis der Ergebnisse dieses Projekts soll die Pflegedokumentation ab dem Jahr 2015 neu ausgerichtet werden mit dem Ziel, den Aufwand deutlich zu verringern, ohne fachliche Standards zu vernachlässigen (Beikirch et al. 2014; GKV-Spitzenverband et al. 2014). Die Implementation sowie die möglichen Wirkungen dieser Neuausrichtung konnten im Zuge der hier vorgelegten Untersuchung nicht abgebildet werden. Es wird eine zukünftig wichtige Frage darin liegen, inwieweit sich in der breiten Praxis tatsächlich Effizienzgewinne in der Dokumentation einstellen und wie diese zeitlichen bzw. faktisch personellen Puffer genutzt werden. Mit Blick auf den Anspruch an „Gute Arbeit" in der Pflege wie auch in der Versorgungsperspektive wäre zu wünschen, dass diese Puffer für die Verbesserung der Lebensqualität der Pflegebedürftigen in der Pflege verbleiben und nicht für eine „Anpassung" der Personalkapazitäten genutzt werden würden.

Obwohl technische Systeme zur Personenortung und zum Weglaufschutz im Vergleich der untersuchten Technologietypen gegenwärtig gering verbreitet sind, ist anzunehmen, dass ihre Bedeutung in Zukunft deutlich steigen wird: Im Dreieck zwischen der mit dem demografischen Wandel anwachsenden Zahl von Menschen mit Demenz, der gleichermaßen zu erwartenden weiteren Personalknappheit in der Pflege und dem zugleich hohen Selbstbestimmungsanspruch der älter werdenden Generation steht die Frage, wie eine geschützte Bewegungsfreiheit und Alltagsautonomie im Umfeld der Wohnung bzw. der Pflegeeinrichtung sichergestellt werden kann. Hierfür liefern die über kleinformatige Sender, GPS-Technik und einfach zu bedienende Software bereits verfügbaren Systeme ein Potenzial an technischer Unterstützung, das bisher erst in Ansätzen genutzt scheint. Entscheidend für die künftige Praxisrelevanz dieser Technologie ist vor allem deren Akzeptanz bei den Betroffen und ihren Angehörigen. Diese könnte sich tendenziell vergrößern, wenn zunehmend mit Alltagstechnik erfahrene oder technikaffine Kohorten in ein höheres Lebensalter kommen. Eine weitere Voraussetzung liegt allerdings in der Einbettung der Techniknutzung in entsprechende Dienstleistungskonzepte professioneller Anbieter sowie in der lebensweltlichen Sensibilisierung der Menschen im Wohnumfeld der betroffenen Personen. Hier sind von der „Angebotsseite" her noch Anstrengungen zu leisten, damit die Nutzung dieser Technologie zur Unterstützung der Autonomie ein Bestandteil des Alltags von Menschen mit und ohne Demenz werden kann. Gleichwohl ist immer auch die Frage zu stellen, inwiefern das Spannungsverhältnis von Freiheitsermöglichung und Sicherheit für Menschen mit Demenz nicht auch durch nicht-technische, personenzentrierte Betreuungsansätze ausbalanciert werden könnte.

Auch das Feld der außerklinischen Intensivpflege ist, getragen von den Entwicklungen in den häuslichen Anwendungsmöglichkeiten der lebenserhaltenden Technologien, ein Feld mit einer wachsenden Bedeutung in der gesundheitlichen Versorgung. Die Zielgruppe der Beatmungs- und Komapatienten wächst dabei nicht nur durch die erweiterten technischen Möglichkeiten, sondern auch durch den Wunsch von Patienten und Angehörigen nach Versorgungsmöglichkeiten in der privaten Häuslichkeit und den Teilhabemöglichkeiten an einem möglichst „normalen" Leben. Solche Ansprüche kann die außerklinische Nutzung von intensivmedizinischer Technologie allerdings nur unter der Voraussetzung einlösen, dass hochqualifizierte pflegerische Dienstleistungen ihren Einsatz auch ermöglichen. Die Grundlage dafür bieten anspruchsvolle und für die eingesetzten Pflegekräfte manchmal herausfordernde arbeitsorganisatorische Lösungen sowie eine angemessene Finanzierung dieser Leistungen über die Sozialversicherungsträger.

An diesem letzten Beispiel lässt sich ablesen, dass die Nutzung von High-Tech in der häuslichen Versorgung von hilfebedürftigen Menschen stets auf passgenaue Dienstleistungskonstellationen angewiesen ist. Daran kranken bisher viele ambitionierte, aber letztlich gescheiterte Projekte aus der Technologieentwicklung. Eine erfolgreiche forcierte Techniknutzung in Pflege und Versorgung ist ohne entsprechend elaborierte (und gegenfinanzierte) Dienstleistungsstrategien kaum realistisch vorstellbar.

Letztendlich ist der Technikeinsatz in der Pflege von Ambivalenzen geprägt: Er kann unter günstigen Kontextbedingungen eine Entlastung der Pflegekräfte und eine Verbesserung der Pflegequalität befördern. Er kann aber im ungünstigen Fall unter dem alltäglichen Ökonomisierungsdruck sozialer Dienstleistungsarbeit auch als effizienzfunktionales „Schmiermittel" zu einem „Weiter-so" der Pflege unter widrigen Bedingungen beitragen und den Blick auf alternative sozial- und versorgungspolitische Entwicklungspfade verstellen. Eine „win-win-win" Situation für die Einrichtungen, die Beschäftigten und die Pflegebedürftigen ergibt sich aus dem Technikeinsatz keineswegs von selbst: Es bedarf einer aktiven Gestaltung der Kontextbedingungen durch die betrieblichen und politischen Akteure.

Literatur

Adaskin, E. J./Hughes, L./McMullan, P./McLean, M./McMorris, D. (1994): The Impact of Computerization on Nursing: An Interview Study of Users and Facilitators. In: Computers in Nursing, Vol. 12/No. 3, S. 141–148

AG Bielefeld – Amtsgericht Bielefeld (1996): Gerichtsurteil vom 16.09.1996. Aktenzeichen: 2 XVII B 32 (Internet: http://www.juris.de/jportal/prev/KORE706949600; zuletzt aufgesucht am 27.07.2014)

AG Stuttgart – Amtsgericht Stuttgart-Cannstatt (Hg.) (1996): Gerichtsurteil vom 26.11.1996. Aktenzeichen: XVII 101/96 (Internet: http://www.rechtsportal.de/Rechtsportal/Rechtspre chung/Rechtsprechung/1996/AG-Stuttgart-Canstatt/; zuletzt aufgesucht am 27.07.2014)

Albrecht, M./Wolf-Ostermann, K./Friesacher, H. (2010): Pflege und Technik – konventionelle oder IT-gestützte Pflegedokumentation – spiegelt die Praxis den theoretischen Diskurs wider? In: Pflegewissenschaft, Jg. 12/Heft 01, S. 34–46

Althammer, T./Sehlbach, O. (2012): Mehr schlecht als Recht. Zum aktuellen Stand von Datenschutz und Datensicherheit in der Pflege und im Sozialwesen 2012. Ergebnisse einer Befragung von 295 Leitungskräften in stationären Einrichtungen in Deutschland. Burgwedel

Ammenwerth, E. (2006): The Nursing Process and Information Technology. In: Habermann/ Uys 2006, S. 61–75

Ammenwerth, E./Iller, C./Mahler, C./Kandert, M./Luther, G./Hoppe, B./Eichstädter, R. (2002): Einflussfaktoren auf die Akzeptanz und Adoption eines Pflegedokumentationssystems. PIK-Studie 2002 – Universitätsklinikum Heidelberg. Innsbruck

Ammenwerth, E./Mansmann, U./Iller, C./Eichstädter, R. (2003): Factors Affecting and Affected by User Acceptance of Computer-based Nursing Documentation: Results of a Two-year-Study. In: Journal of the American Medical Informatics Association, Vol. 10/ No. 1, S. 69–84

Ärzteblatt (2011): Krankenstand von Pflegekräften ein Drittel über dem Durchschnitt (Meldung vom 19.04.2011) (Internet: http://www.aerzteblatt.de/nachrichten/45524/Kranken stand-von-Pflegekraeften-ein-Drittel-ueber-dem-Durchschnitt; zuletzt aufgesucht am 27. 07.2014)

Barnard, A./Cushing, A. (2001): Technological and Historical Inquiry in Nursing. In: Locsin 2001, S. 12–21

Bartholomeyczik, S./Barlepp, E./Heinrich, C./Leibing, C./Tiemann, K./Zell, G. (1988): Beruf, Familie und Gesundheit bei Frauen. Berlin

Bartholomeyczik, S./Halek, M./Sowinski, C./Besselmann, K./Dürrmann, P./Haupt, M./Kuhn, C./Müller-Hergl, C./Perrar, K. M./Riesner, C./Rüsing, D./Schwerdt, R./van der Kooij, C./Zegelin, A. (2006): Rahmenempfehlungen zum Umgang mit herausforderndem Verhalten bei Menschen mit Demenz in der stationären Altenhilfe. Herausgegeben vom Bundesministerium für Gesundheit (Internet: http://www.google.de/url?q=https://www.bun desgesundheitsministerium.de/fileadmin/dateien/Publikationen/Pflege/Berichte/Bericht_ Rahmenempfehlungen_zum_Umgang_mit_herausforderndem_Verhalten_bei_Menschen _mit_Demenz_in_der_stationaeren_Altenhilfe.pdf&sa=U&ei=a5iuVMicE4fXPb3ugKA

B&ved=0CBsQFjAB&usg=AFQjCNEC0RfT-c9YLY2GxeveIJw1Emix3w; zuletzt aufgesucht am 27.07.2014)

Beck, U. (1986): Risikogesellschaft. Auf dem Weg in eine andere Moderne. Frankfurt/M.

Beck, U./Giddens, A./Lash, S. (1996): Reflexive Modernisierung. Eine Kontroverse. Frank-
furt/M.

Beikirch, E./Breloer-Simon, G./Rink, F./Roes, M. (2014): Projekt „Praktische Anwendung des
Strukturmodells. Effizienzsteigerung der Pflegedokumentation in der ambulanten und
stationären Langzeitpflege." Abschlussbericht. Berlin, Witten (Internet: http://www.
bmg.bund.de/fileadmin/dateien/Downloads/E/Entbuerokratisierung/Abschlussbericht_
und_Anlagen__fin20140415_sicher.pdf; zuletzt aufgesucht am 2.6.2015)

BGW – Berufsgenossenschaft für Gesundheitsdienst und Wohlfahrtspflege/DAK – Deutsche
Angestellten Krankenkasse Gesundheitsmanagement (Hg.) (2003): Gesundheitsreport
2003. Altenpflege. Arbeitsbedingungen und Gesundheit von Pflegekräften in der stationären Altenpflege. Hamburg

BGW – Berufsgenossenschaft für Gesundheitsdienst und Wohlfahrtspflege/DAK – Deutsche
Angestellten Krankenkasse Gesundheitsmanagement (Hg.) (2001): Gesundheitsreport
2001. Altenpflege. Arbeitsbedingungen und Gesundheit von Pflegekräften in der stationären Altenpflege. Hamburg

BGW – Berufsgenossenschaft Gesundheit und Wohlfahrtspflege (2006): Sachmittelausstat-
tung in der stationären und ambulanten Altenpflege Umsetzungskonzept zur Reduktion
von Gesundheitsgefährdungen in der Pflege und Betreuung. Hamburg

Bick, S. (2007): Leistungen besser kontrollieren. 2. Köln-Bonner Heimbeatmungs-Workshop.
In: Häusliche Pflege Nr. 1, S. 28–29

Bieber, D. (Hg.) (2011): Sorgenkind demografischer Wandel? Warum die Demografie nicht
an allem schuld ist. München

Blass, K./Geiger, M./Kirchen-Peters, S. (2008): „AIDA – Arbeitsschutz in der Altenpflege".
Endbericht. Saarbrücken

BMBF – Bundesministerium für Bildung und Forschung (2005): Studie zur Situation der Me-
dizintechnik in Deutschland im internationalen Vergleich. Aachen

Bogner, A./Littig, B./Menz, W. (Hg.) (2002): Das Experteninterview. Theorie, Methode, Anwendung. Wiesbaden

Böhle, F./Glaser, J. (Hg.) (2006): Arbeit in der Interaktion – Interaktion als Arbeit. Arbeitsorganisation und Interaktionsarbeit in der Dienstleistung. Wiesbaden

Böhle, F./Stöger, U./Weihrich, M. (2015): Interaktionsarbeit gestalten. Vorschläge und Perspektiven für eine humane Dienstleistungsarbeit. Berlin

Braeseke, G./Richter, T./Merda, M./Weiß, C./Lutze, M./Compagna, D. (2013): Unterstützung
Pflegebedürftiger durch technische Assistenzsysteme. Abschlussbericht zur Studie. Berlin

Büssing, A./Glaser, J. (2003): Arbeitsbelastung, Burnout und Interaktionsstress im Zuge der
Reorganisation des Pflegesystems. In: Büssing, A./Glaser, J. (Hg.): Dienstleistungsquali-
tät und Qualität des Arbeitslebens im Krankenhaus. Göttingen, S. 101–129

Compagna, Diego/Shire, Karen (2014): Die Entdeckung der ‚Alten' und deren PflegerInnen
als Wissensressource für die Technisierung von Pflegearbeit. In: Aulenbacher, Brigitte/
Riegraf, Birgit/Theobald, Hildegard (Hg.): Sorge: Arbeit, Verhältnisse, Regime. Soziale
Welt, Sonderband 20. Baden-Baden: Nomos, S. 279–292

DAlzG – Deutsche Alzheimer Gesellschaft e.V. (2014): Die Häufigkeit von Demenzerkran-kungen (Internet: http://www.deutsche-alzheimer.de/unser-service/informationsblaetter-downloads.html; zuletzt aufgesucht am: 27.07.2014)

Darmann-Fink, I./Friesacher, H. (2009): Professionalisierung muss am Kern des Pflegerischen ansetzen! Editorial zum IPP-Info Nr. 7/2009. Institut für Public-Health und Pflegefor-schung an der Universität Bremen. Bremen

DGUV – Deutsche Gesetzliche Unfallversicherung (2012): Schichtarbeit. Rechtslage, gesund-heitliche Risiken und Präventionsmöglichkeiten. DGUV-Report 1/2012. Berlin

Die Welt (2012): Beatmungsstationen sind lukrativ und gefährlich. Ausgabe vom 02.04.2012

Dunkel, W./Weihrich, M. (2012a): Interaktive Arbeit – das soziologische Konzept. In: Dun-kel/Weihrich 2012b, S. 29–59

Dunkel, W./Weihrich, M. (Hg.)(2012b): Interaktive Arbeit. Theorie, Praxis und Gestaltung von Dienstleistungsbeziehungen. Wiesbaden

Evanoff, B./Wolf, L./Aton, E./Canos, J./Collins, J. (2003): Reduction in injury rates in nurs-ing personnel through introduction of mechanical lifts in the workplace. In: American journal of industrial medicine, Vol. 44/No. 5, S. 451–7

Ewers, M. (2010): Vom Konzept zur klinischen Realität. Desiderate und Perspektiven in der Forschung über die technikintensive häusliche Versorgung in Deutschland. In: Pflege & Gesellschaft, Jg. 15/Heft 4, S. 314–328

Fleischmann, N. (2010): Die Einstellung von Pflegenden zu IT-gestützter Dokumentation. In: Güttler, K. et al. (Hg.), S. 101–111

Fochsen, G./Josephson, M./Hagberg, M./Toomingas, A./Lagerström, M. (2006): Predictors of leaving nursing care: a longitudinal study among Swedish nursing personnel. In: Occu-pational and Environmental Medicine, Vol. 63/No. 3, S. 198–201

Friesacher, H. (2010): Pflege und Technik – eine kritische Analyse. In: Pflege und Gesell-schaft, Jg. 15/Heft 4, S. 293–313

Gaffney J. (1986): Towards a less restrictive enviroment. In: Geriatric Nursing, Vol. 7/No. 2, S. 94–96

Giesenbauer, B./Glaser, J. (2006): Emotionsarbeit und Gefühlsarbeit in der Pflege – Beein-flussung fremder und eigener Gefühle. In: Böhle, F./Glaser, J. (Hg.): Arbeit in der Inter-aktion – Interaktion als Arbeit. Wiesbaden, S. 59–83

GKV – Spitzenverband/BAGFW – Bundesarbeitsgemeinschaft der Freien Wohlfahrtspflege e.V./bpa – Bundesverband privater Anbieter sozialer Dienste e.V./Beikirch, E. (2014): Entwicklung einer Implementierungsstrategie (IMPS) zur bundesweiten Einführung des Strukturmodells für die Pflegedokumentation der stationären und ambulanten Pflegeein-richtungen. Berlin

Glaser, J. (2006): Arbeitsteilung, Pflegeorganisation und ganzheitliche Pflege – arbeitsorgani-satorische Rahmenbedingungen für Interaktionsarbeit in der Pflege. Böhle/Glaser 2006, S. 43–57

Gödecke, C./Kohlen, H. (2013). Ambulante Intensivpflege und Heimbeatmung. Wie erleben Pflegekräfte die häusliche Heimbeatmung? In: Pflegezeitschrift, Jg. 66/Heft 4, 226–230

Goffman, E. (1971): Verhalten in sozialen Situationen. Strukturen und Regeln der Interaktion im öffentlichen Raum. Gütersloh

Gordon, M. (2000): Manual of nursing diagnosis (12th ed.). Ontario

Graf, B./Heyer, T./Klein, B./Wallhoff, F. (2013): Servicerobotik für den demografischen Wandel. Mögliche Einsatzfelder und aktueller Entwicklungsstand. Bundesgesundheitsblatt – Gesundheitsforschung – Gesundheitsschutz 8; S. 1145–1150

Gross, P./Badura, B. (1977): Sozialpolitik und soziale Dienste. Entwurf einer Theorie personenbezogener Dienstleistungen. In: Ferber, C. von/Kaufmann, F.-X. (Hg.): Soziologie und Sozialpolitik. Sonderheft 19 der Kölner Zeitschrift für Soziologie und Sozialpsychologie. Opladen, S. 361–385

Gruber, E./Kastner, M. (2005): Gesundheit und Pflege an der Fachhochschule? Schriftenreihe des Fachhochschulrates 11. Wien

Güttler, K./Schoska, M./Görres, S. (Hg.) (2010): Pflegedokumentation mit IT-Systemen. Eine Symbiose von Wissenschaft, Technik und Praxis. Bern

Habermann, M./Uys, L. R. (eds.) (2006): The Nursing Process. A Global Concept. Edinburgh

Hacker, W. (2009): Arbeitsgegenstand Mensch: Psychologie dialogisch-interaktiver Erwerbsarbeit: Ein Lehrbuch. Lengerich

Haubner, D./Nöst, S. (2012): Pflegekräfte – die Leerstelle bei der Nutzerintegration von Assistenztechnologien. In: Shire, K. A./Leimeister, J. M. (Hg.): Technologiegestützte Dienstleistungsinnovation in der Gesundheitswirtschaft. Wiesbaden, S. 3–30

Held, C./Ermini-Fünfschilling, D. (2006): Das demenzgerechte Heim. Lebensraumgestaltung, Betreuung und Pflege für Menschen mit Alzheimerkrankheit (2. Aufl.). Basel

Hielscher, V./Kirchen-Peters, S./Sowinski, C. (2015): Technologisierung der Pflegearbeit? Wissenschaftlicher Diskurs und Praxisentwicklungen in der stationären und ambulanten Langzeitpflege. In: Pflege und Gesellschaft, Jg. 20/Heft 1, S. 5–19

Hielscher, V./Nock, L./Kirchen-Peters, S./Blass, K. (2013): Zwischen Kosten, Zeit und Anspruch. Das alltägliche Dilemma sozialer Dienstleistungsarbeit. Wiesbaden

Hielscher, V./Ochs, P. (2009): Arbeitslose als Kunden? Beratungsgespräche in der Arbeitsvermittlung zwischen Druck und Dialog. Berlin

Hielscher, V. (2014): Technikeinsatz und Arbeit in der Altenpflege. Ergebnisse einer internationalen Literaturrecherche. iso-Report Nr. 1, Juli 2014

Höft, B. (2009): Die Versorgung von demenzkranken Heimbewohnern durch eine gerontopsychiatrische Institutsambulanz. In: Adler, G./Gutzmann, H./Haupt, M./Kortus, R./Wolter, D. (Hg.): Seelische Gesundheit und Lebensqualität im Alter. Stuttgart, S. 223–226

Holtz, B./Krein, S. (2011): Understanding Nurse Perceptions of a Newly Implemented Electronic Medical Record System. In: Journal of Technology in Human Services, Vol. 29/No. 4, S. 247–262

Hradil, S. (2001): Soziale Ungleichheit in Deutschland. Wiesbaden

Hülsken-Giesler, M. (2007a): Pflege und Technik – Annäherung an ein spannungsreiches Verhältnis. Zum gegenwärtigen Stand der internationalen Diskussion. Teil 1. In: Pflege, Jg. 20/Heft 2, S. 103-112

Hülsken-Giesler, M. (2007b): Pflege und Technik – Annäherung an ein spannungsreiches Verhältnis. Zum gegenwärtigen Stand der internationalen Diskussion. Teil 2. In: Pflege, Jg. 20/Heft 3, S. 164-169

Hülsken-Giesler, M. (2008): Der Zugang zum Anderen. Zur theoretischen Rekonstruktion von Professionalisierungsstrategien pflegerischen Handelns im Spannungsfeld von Mimesis und Maschinenlogik. Osnabrück

Hülsken-Giesler, M. (2010): Computer in der Intensivpflege. Zur systematischen Integration einer professionellen Pflege in das System der Gesundheitsversorgung. In: intensiv, Jg. 18/Heft 5, S. 237–241

Hyper Joint GmbH (2014): Hilfsmittel Lifter, Patientenlift (Internet: http://treppauf.de/hilfs mittel-lifter-patientenlift.htm; zuletzt aufgesucht am: 27.07.2014)

Keitel, P. (2002): Das QM-Handbuch schafft Ordnung in der Qualitätssicherung. Teil 4: Pflegemanagement und Pflegedokumentation. In: Pflegen Ambulant, Jg. 13/Heft 6, S. 43–46

Kennedy, D. B. (1993): Precautions for the physical security of the wandering patient. In: Security Journal, Vol. 4/No. 4, S. 170–176

Kirchen-Peters, S./Diefenbacher, A. (2014): Gerontopsychiatrische Konsiliar- und Liaisondienste. In: Zeitschrift für Gerontologie und Geriatrie, Jg. 47/Heft 7, S. 595–604

Klie, T. (2012): Freiheitsentziehende Maßnahmen. Das fixierungsfreie Pflegeheim ist möglich. In: Die Schwester Der Pfleger, Jg. 51/Heft 1, S. 8–11

Lennartz, P./Kersel, H. (2011): Stationärer Pflegemarkt im Wandel. Stuttgart

LG Ulm – Landgericht Ulm (2008): Gerichtsurteil vom 25.6.2008. Aktenzeichen: 3 T 54/08. Vormundschaftsgerichtliche Genehmigung: Genehmigungsbedürftigkeit eines Überwachungssystems bei einem desorientierten Heimuntergebrachten (Internet: http://lrbw. juris.de/cgi-bin/laender_rechtsprechung/document.py?Gericht=bw&nr=10855; zuletzt aufgesucht 27.07.2014)

Li, J./Wolf, L./Evanoff, B. (2004): Use of mechanical patient lifts decreased musculoskeletal symptoms and injuries among health care workers. In: Injury Prevention, Vol. 10/No. 4, S. 212–216

Locsin, R. C. (ed.) (2001): Advancing Technology, Caring, and Nursing. Westport, London

LSG Thüringen – Landessozialgericht Thüringen (2013): Gerichtsurteil vom 28.1.2013. Aktenzeichen: L 6 KR 955/09 (Internet: https://www.jurion.de/Urteile/LSG-Thueringen/2013-01-28/L-6-KR-955_09; zuletzt aufgesucht am: 18.6.2015)

Mahler, C./Renz, A./Kandert, M./Spies, P./Hoppe, B./Eichstädter, R./Ammenwerth, E. (2003): Die Einführung rechnergestützter Pflegedokumentation am Beispiel von PIK – Grenzen und Möglichkeiten. Erfahrungen aus einem Pilotprojekt. In: Pflegeinformatik, Jg. 5/Heft 11, S. 68–74

Markus, K. (1998): Generell unzulässig? Zur Frage, ob die Verwendung von sogenannten Personenortungsgeräten zulässig ist, liegen jetzt neue juristische Entscheidungen vor. In: Altenpflege, Jg. 23/Heft 1, S. 53–55

Marshall, M./Allan, K. (Hg.) (2011): „Ich muss nach Hause." Ruhelos umhergehende Menschen mit einer Demenz verstehen. Bern, S. 19–26

Mayring, P. (2008): Qualitative Inhaltsanalyse: Grundlagen und Techniken. Weinheim

MDS – Medizinischer Dienst der Spitzenverbände der Krankenkassen e.V. (2005): Grundsatzstellungnahme: Pflegeprozess und Dokumentation. Essen

Meyer, E. (1995): Patientenlifter im Praxistest. Rückenschonende Hilfsmittel oder Sperrgut im Abstellraum? In: Pflege aktuell, Jg. 49/Heft 9, S. 597–600

Meyer, S. (2011): Mein Freund der Roboter. Servicerobotik für ältere Menschen – eine Antwort auf den demografischen Wandel? Berlin, Offenbach

Murphy, C. A./Maynard, M./Morgan, G. (1994): Pretest and Posttest Attitudes of Nursing Personnel toward a Patient Care Information System. In: Computers in Nursing, Vol. 12/No. 5, S. 239–244

OLG Brandenburg – Brandenburgisches Oberlandesgericht (2006): Gerichtsurteil vom 19.01. 2006. Aktenzeichen: 11 Wx 59/05 (Internet: http://www.olg.brandenburg.de/sixcms/ media.php/4250/11%20Wx%20059-05.pdf; zuletzt aufgesucht am: 27.07.2014)

Pitsch, A. (2001a): Prävention von Rückenbeschwerden: Hebelifter kommen häufiger zum Einsatz als erwartet. In: Pflegezeitschrift, Jg. 54/Heft 2, S. 120–122

Pitsch, A. (2001b): Der Weg nach oben. Einsatz von Hebeliftern in Altenpflegeeinrichtungen. In: Heim+Pflege, Jg. 32/Heft 4, S. 138–139

Poissant, L./Pereira, J./Tamblyn, R./Kawasumi, Y. (2005): The Impact of Electronic Health Records on Time Efficiency of Physicians and Nurses: A Systematic Review. In: Journal of the American Medical Informatics Association, Vol. 12/No. 5, S. 505–516

Pongratz, H./Trinczek, R. (Hg.) (2010): Industriesoziologische Fallstudien. Entwicklungspotenziale einer Forschungsstrategie. Berlin

Prognos (2011): Arbeitslandschaft 2030. Studie der Prognos AG im Auftrag der vbw – Vereinigung der Bayerischen Wirtschaft e.V. (2. Auflage). München

Prognos (2012): Pflegelandschaft 2030. Studie der Prognos AG im Auftrag der vbw – Vereinigung der Bayerischen Wirtschaft e.V. München

Protector (2008): Personenortung in Seniorenresidenzen. Flächendeckendes Transpondersystem. In: PROTECTOR 12/2008, S. 39 (Internet: http://www.sicherheit.info/artikel/110 1919; zuletzt aufgesucht am 15.11.2014)

Qualidata (2008): Bestimmungsgrößen für das Marktgeschehen in der Pflege. Berlin

REHADAT (2014): Hilfsmittelportal. Mobilität. Hebelifter (Internet: http://www.rehadat-hilfs mittelportal.de/de/mobilitaet/hebehilfen/index.html; zuletzt aufgesucht am 08.07.14)

Rinard, R. G. (2001): Technology, De-skilling, and Nurses: The Impact of the Technologically Changing Environment. In: Locsin 2001, S. 68–75

Rothgang, H./Iwansky, S./Müller, R./Sauer, S./Unger, R. (2011): BARMER GEK Pflegereport 2011. St. Augustin

Rothgang, H./Müller, R. (2013): Verlagerung der Finanzierungskompetenz für Medizinische Behandlungspflege in Pflegeheimen von der Pflege- in die Krankenversicherung. Freiburg

Rutenkröger, H./Sowinski, C./Besselmann, K. (2004): Der Pflegeprozess. Herausgegeben vom Bundesministerium für Gesundheit und Soziale Sicherung (BMGS)/Kuratorium Deutsche Altershilfe. Köln

Schöndorf, B. (2012): Weglaufschutz in der häuslichen und stationären Pflege. Weblog für Wegweiser Demenz. Herausgegeben vom Bundesministerium für Familie, Senioren, Frauen und Jugend. Berlin

Schröder, S. G. (2006): Psychopathologie der Demenz. Symptomatologie und Verlauf dementieller Syndrome. Stuttgart

Schütz, A./Luckmann, T. (2003): Strukturen der Lebenswelt. Konstanz

Sellemann, B./Flemming, D./Hübner, U.(2010): Verbreitung von Informationssystemen in der Pflege. In: Güttler 2010, S. 71–86

Siegling, B./Isfort, M. (2014). Intensivpflege. Das Glas ist halb voll. Studie zur Berufs- und Arbeitszufriedenheit in der Intensivpflege. In: Pflegeintensiv, Jg. 11/Heft 2, S. 46–50

Silverstein, N. M./Flaherty, G. (2003): Dementia and wandering behaviour in long-term care facilities. In: Geriatrics & Aging, Vol. 6/No. 1, S. 47–52

Sing, D./Landauer, G. (2006): Förderung von Interaktionsarbeit in der Praxis – Erfahrungen der betrieblichen Erprobung im Altenpflegeheim. In: Böhle, F./Glaser, J. (Hg.): Arbeit in der Interaktion – Interaktion als Arbeit. Arbeitsorganisation und Interaktionsarbeit in der Dienstleistung. Wiesbaden, S. 107–129

SoVD – Sozialverband Deutschland (2014): Kostenrisiko Behandlungspflege. Positionen des SoVD für eine gerechte Finanzierung der medizinischen Behandlungspflege. Berlin

Sowinski, C./Kirchen-Peters, S./Hielscher, V. (2015): Praxiserfahrungen zum Technikeinsatz in der Altenpflege. Köln/Saarbrücken (Internet: http://www.kda.de/tl_files/kda/Projekte/ Technikeinsatz%20in%20der%20Pflegearbeit/2013_11_21%20PraxisfeldanalyseEnd. pdf; zuletzt aufgesucht am 17.6.2015)

Statistisches Bundesamt (2008): Pflegebedürftige heute und in Zukunft. Wiesbaden (Internet: https://www.destatis.de/DE/Publikationen/STATmagazin/Soziales/2008_11/PDF2008_1 1.pdf;jsessionid=5BEE0ABE719018F45741089ED392D5B4.cae4?__blob=publication File; zuletzt aufgesucht am 16.6.2015)

Statistisches Bundesamt (2011): Pflegestatistik 2009. Pflege im Rahmen der Pflegeversicherung. Wiesbaden

Steffan, S./Laux, H./Wolf-Ostermann, K. (2007): Einstellungssache IT-gestützte Pflegedokumentation? Ergebnisse einer empirischen Untersuchung. Printernet, Nr. 02/2007, S. 94–101

Sütterlin, S./Hoßmann, I./Klingholz, R. (2011): Demenz-Report. Wie sich die Regionen in Deutschland, Österreich und der Schweiz auf die Alterung der Gesellschaft vorbereiten können. Berlin

Tenter, J. (2007): Freiheitsentziehende Maßnahmen bei alten Personen. Vortrag im Rahmen des „Arbeitskreises zur Prävention von Gewalt und Zwang in der Psychiatrie" am 14.11. 2007 (Internet: http://www.arbeitskreis-gewalt praevention.de/Aktuelles/fixierung_alter nativen_15-11-2007-BS.pdf; zuletzt aufgesucht am 27.07.2014)

TK – Techniker Krankenkasse (2013): Gesundheitsreport 2013. Berufstätigkeit, Ausbildung und Gesundheit. Hannover

Vester, M./Oertzen, P. v./Geiling, H./Hermann, T./Müller, D. (2001): Soziale Milieus im gesellschaftlichen Strukturwandel. Frankfurt/M.

Wagner, G. (1994): Vertrauen in Technik. In: Zeitschrift für Soziologie, Jg. 23/Heft 4, S. 145–157

Weyer, J. (2008): Techniksoziologie. Genese, Gestaltung und Steuerung sozio-technischer Systeme. Weinheim, München

Weyerer, S./Schäufele, M./Hendlmeier, I. (2005): Demenzkranke Menschen in Pflegeeinrichtungen. Besondere und traditionelle Versorgung im Vergleich. Stuttgart

WIdO – Wissenschaftliches Institut der AOK (2014): Krankenstand: Pflegekräfte sind oft und lange krank (Internet: http://www.aok-gesundheitspartner.de/rh/vigo_pflege/gesund_ und_aktiv/bgf/krankenstand/index.html; zuletzt aufgesucht am 27.07.2014)

Wieland, M. (2007): Erhebung zur Verwendung von Hebe- und Tragehilfen in österreichischen Krankenanstalten. Eine Studie im Auftrag der AUVA durchführt von der Gesundheitsmanagement OEG, August 2007 (Internet http://www.arbeitsinspektion.gv.at/ ew07/artikel/bilder/artikel04-05_Studie_Hebe_Tragehilfen07.pdf; zuletzt aufgesucht am 23.12.2014)

Wieteck, P. et al. (2007): Wissenschaftliche Hintergründe European Nursing care Pathways. Baar-Ebenhausen (Internet: http://download.recom-verlag.de/pdf/ENP_wissenschaftliche_ Hintergruende_Web_2007_de.pdf; zuletzt aufgesucht am 17.3.2015)

Windsor, C. (2007): Technological Change and Nursing: A Labour Process Theory Approach to the Shaping of Nursing Work. In: Barnard, A./Locsin, R. C. (eds.): Technology and Nursing. Practice, Concepts and Issues. Houndsmills, New York, S. 147–157

Zieme, S. (2010): Auswirkungen IT-gestützter Pflegedokumentation auf die Pflegepraxis – eine Übersichtsarbeit. In: Güttler, K. 2010, S. 87–99

Ebenfalls bei edition sigma – eine Auswahl

Patrick Delaney: **Gouvernementalität in der alternden Gesellschaft.** Gemeinschaftliches Wohnen im Alter zwischen Neoliberalismus und Solidarität
2014   163 S.   ISBN 978-3-8360-1110-5   € 36,90

Manfred Krenn, J. Flecker, H. Eichmann, U. Papouschek: **„... was willst du viel mitbestimmen?".** Flexible Arbeit und Partizipationschancen in IT-Dienstleistungen und mobiler Pflege
FORBA-Forschung, Bd. 5
2010   238 S.   ISBN 978-3-8360-6705-8   € 17,90

Nick Kratzer, W. Dunkel, K. Becker, S. Hinrichs (Hg.): **Arbeit und Gesundheit im Konflikt.** Analysen und Ansätze für ein partizipatives Gesundheitsmanagement
2011   306 S.   ISBN 978-3-8360-3580-4   € 24,90

Detlef Oesterreich, Eva Schulze: **Frauen und Männer im Alter.** Fakten und Empfehlungen zur Gleichstellung
2011   99 S.   ISBN 978-3-8360-1104-4   € 29,90

Ulf Ortmann: **Arbeiten mit RFID.** Zum praktischen Umgang mit unsichtbaren Assistenten
2014   149 S.   ISBN 978-3-8360-3596-5   € 16,90

Stefan Reuyß, S. Pfahl, J. Rinderspacher, K. Menke: **Pflegesensible Arbeitszeiten.** Perspektiven der Vereinbarkeit von Beruf und Pflege
Forschung aus der Hans-Böckler-Stiftung, Bd. 145
2012   294 S.   ISBN 978-3-8360-8745-2   € 19,90

Christoph Revermann, Katrin Gerlinger: **Technologien im Kontext von Behinderung.** Bausteine für Teilhabe in Alltag und Beruf
Studien des Büros für Technikfolgen-Abschätzung, Bd. 30
2010   286 S.   ISBN 978-3-8360-8130-6   € 24,90

Arnold Sauter, Katrin Gerlinger: **Der pharmakologisch verbesserte Mensch.** Leistungssteigernde Mittel als gesellschaftliche Herausforderung
Studien des Büros für Technikfolgen-Abschätzung, Bd. 34
2012   310 S.   ISBN 978-3-8360-8134-4   € 27,90

Hildegard Theobald, Marta Szebehely, Maren Preuß: **Arbeitsbedingungen in der Altenpflege.** Die Kontinuität der Berufsverläufe – ein deutsch-schwedischer Vergleich
Forschung aus der Hans-Böckler-Stiftung, Bd. 155
2013   167 S.   ISBN 978-3-8360-8755-1   € 15,90

– bitte beachten Sie auch die folgende Seite –

In der Reihe »Forschung aus der Hans-Böckler-Stiftung« erschienen zuletzt:

Stefan Rüb, Hans-Wolfgang Platzer: **Europäisierung der Arbeitsbeziehungen im Dienstleistungssektor.** Empirische Befunde, Probleme und Perspektiven eines heterogenen Feldes
Forschung aus der Hans-Böckler-Stiftung, Bd. 170
2015   223 S.   ISBN 978-3-8360-8770-4   € 16,90

Stefan Bratzel, Gerd Retterath, Niels Hauke unter Mitarb. von R. Tellermann, P. Bretz, T. Bauckloh und St. Graeser: **Automobilzulieferer in Bewegung.** Strategische Herausforderungen für mittelständische Unternehmen in einem turbulenten Umfeld
Forschung aus der HBS, Bd. 171
2015   208 S.   ISBN 978-3-8487-2117-7   € 16,90

Ingrid Gissel-Palkovich, Herbert Schubert: **Der Allgemeine Soziale Dienst unter Reformdruck.** Interaktions- und Organisationssysteme des ASD im Wandel
Forschung aus der HBS, Bd. 172
2015   220 S.   ISBN 978-3-8487-2063-7   € 18,90

Wolfgang Schroeder, Claudia Bogedan (Hg.): **Gute Arbeit und soziale Gerechtigkeit im 21. Jahrhundert.** Bausteine einer sozialen Arbeitsgesellschaft
Forschung aus der Hans-Böckler-Stiftung, Bd. 175
2015   143 S.   ISBN 978-3-8487-2408-6   € 14,90

Ludger Pries, Hans-Jürgen Urban, Manfred Wannöffel (Hg.): **Wissenschaft und Arbeitswelt – eine Kooperation im Wandel.** Zum 40. Jubiläum des Kooperationsvertrags zwischen der Ruhr-Universität Bochum und der IG Metall
Forschung aus der Hans-Böckler-Stiftung, Bd. 176
2015   244 S.   ISBN 978-3-8487-2478-9   € 18,90

Thomas Bahle, Bernhard Ebbinghaus, Claudia Göbel: **Familien am Rande der Erwerbsgesellschaft.** Erwerbsrisiken und soziale Sicherung familiärer Risikogruppen im europäischen Vergleich
Forschung aus der Hans-Böckler-Stiftung, Bd. 177
2015   252 S.   ISBN 978-3-8487-2615-8   € 18,90

edition sigma in der Nomos Verlagsgesellschaft   **www.edition-sigma.de**
Leuschnerdamm 13   D – 10999 Berlin
Tel. [030] 623 23 63   Fax [030] 623 93 93   Mail verlag@edition-sigma.de